雷博士が教える

雷から身を守る秘訣

北川信一郎 著

本の泉社

目次

34 秋田駒ヶ岳落雷（樹木のない峠で道標に落雷、周囲にいた13人の登山者が医療を要する傷害を受けた）……77
35 高岩山落雷（樹木への落雷で2人が傷害を受けた）……80
36 蓬峠落雷（落雷で2人がはね飛ばされ、1人は重症、1人は無傷害）……82
37 郡山市落雷（サッカープレー中に1人が直撃で死亡、多数が軽症）……83
38 高知市旭町落雷（コロナ放電傷害で1人が軽症）……87
39 東大和市落雷（電磁誘導傷害で1人が軽症）……88
40 海老名市落雷（球電による傷害で1人が軽症）……90
おわりに……92

雷から身を守る秘訣

北川信一郎 著

本の泉社

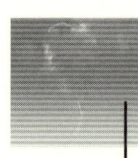

はじめに

雷雲が近づいたら、「金属を捨て去れ」といわれているが、金属を捨てても落雷を受ける可能性は変わらない。フード付きのレインコートを着て、ゴム長靴を履いても落雷は避けられない。落雷を避けるには、屋内に入ることである。これ以外に落雷を避ける有効な方法はない。

落雷の人体実験は出来ないので、人体への落雷の科学的研究は国際的にも立ち後れたままになっていた。わが国では従来、誤った避雷法、無効な避雷法が、まかり通っていた。

雷による人体の死傷事故については、救助・治療にあたった関係者が記述した多数の文献がある。しかし、これらの文献を収集し、検討するだけでは、人体への落雷問題は解決しない。人体が落雷を受けたとき、「人体の内外でどのような電気現象が発生し、この電気現象がどのように人体に傷害を及ぼすか」この基本的な問題が、解明されなければならない。

著者は、1971年に、医学者、高電圧技術者を含め、医・理・工の3分野の研究者からなる「人体への落雷の研究グループ」を組織して、この問題の解決に取り組んだ。「人体への落雷の研究グループ」は、模擬人体或いは実験用動物に、落雷に相当する高電圧を加える実験を行って、データを収集し、これと平行して、人体への落雷事故の詳細な現地調査を行った。この実験と調査を総合する研究を約30年継続した結果、ようやく人体への落雷の特性が明らかになった。

このようにして、雷に対する安全対策が明確となり、従来流布していた「被雷心得」は、役立たないことが明白になった。日本大気電気学会は、「雷から身を守る—安全対策Q&A—」と題するパンフレットを刊行し、この安全対策を平易に解説している（1991年初刊、2001年改訂版）。

しかしこのパンフレットは、紙面が限られたため、人体への落雷問題を十分に説明しているわけではない。本書は、人体への落雷問題を解説し、その結果明確になった安全対策を述べる。本書が、広く活用され、落雷被害の防止に役立てば幸いである。

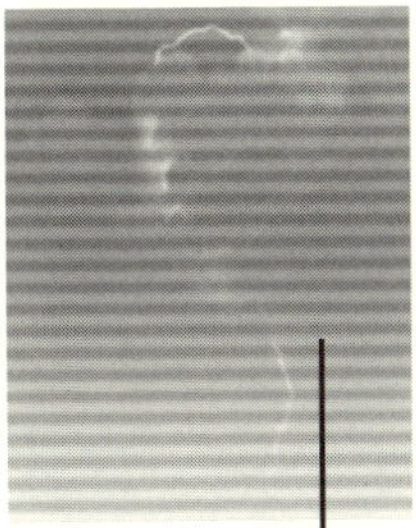

序章

1　樹の下の雨宿りの惨事

2005年7月8日夕刻、神奈川県藤沢市鵠沼の桜小路公園で、大きな松の木の傍らに2人の女性が倒れているのが、通行人に発見された。2人は直ちに救急車で病院に運ばれたが死亡と確認された。2人は、岡崎洋元神奈川県知事の夫人と娘さんで、岡崎家にとっては、この上ない不幸な出来事となった。この落雷事故は藤沢市落雷と名付けられた。

日本大気電気学会刊行のパンフレット「雷から身を守るには―安全対策Q＆A―」には、**「木のそばは危険です！　雷雨時には木から離れましょう」**と記載されている。2人の女性が、このパンフレットに目を通していれば、この惨事は防ぐことが出来た筈である。

2　高校サッカー選抜大会における惨事

1996年8月13日、大阪府高槻市運動広場のサッカー・フィールドでは高校サッカーチームの選抜試合が行なわれていた。15時頃雷鳴を伴う降雨となり試合は中断されたが、16時30分頃雨が止み試合が再開された。その直後、プレーヤーの１人北村光寿君（当時16歳）が落雷を受けて倒れた。他のプレーヤー、レフェリーは、無事であったが、病院に運ばれた北村君は、意識を失い心拍・呼吸は停止していた。北村君は、心臓マッサージ・人工呼吸を長時間受け、心拍・呼吸は回復したが、停止時間が長かったため、脳機能が低下し、危篤状態となった。医師団は、３日間低体温療法を施して脳機能の回復を計った。その結果、北村君は、四肢の自発運動はある程度回復したが、下肢運動が不能となり、視力は回復せず、言語障害が残った。北村君は、車椅子生活を余儀なくされる身障者となり、家族の懸命な介護を受け、視覚障害者学校に通って社会生活復帰を目指している。この落雷事故は高槻市落雷と名付けられた。

パンフレット「雷から身を守るには―安全対策Ｑ＆Ａ―」には、「**雷鳴は、遠くかすかに聞こえる場合でも、自分に落雷する危険信号と考えて直ちに避難してください。雷活動が止んで20分以上経過してから屋外に出ることです**」と記載されている。高校サッカー選抜大会の開催者、高校の指導教諭等がこの安全対策を心得ていれば、北村君は障害者となることなく、前途有望な青年として高校生活を送ることが出来た筈である。

３　樹の下の雨宿りの落雷事故

樹の下の雨宿りで災害を受けたのは、藤沢市落雷以外にも数多く発生している。１９７８年７月７日午後、長野県望月町のゴルフ場では、プレー中に雨が降り始め、３人のゴルファーが唐松の下で雨宿り中に、唐松に落雷、最も近くにいたゴルファー１人が即死し、離れていたゴルファー２人とキャディ１人は助かった。この事故は望月町落雷と名付けられた。

１９７３年８月19日17時30分頃、埼玉県上尾市鳥越の運動公園では、雨が激しく、強い雷鳴が聞こえていた。男性２人

図1　上尾市落雷のスケッチ（救急隊到着時の状況）

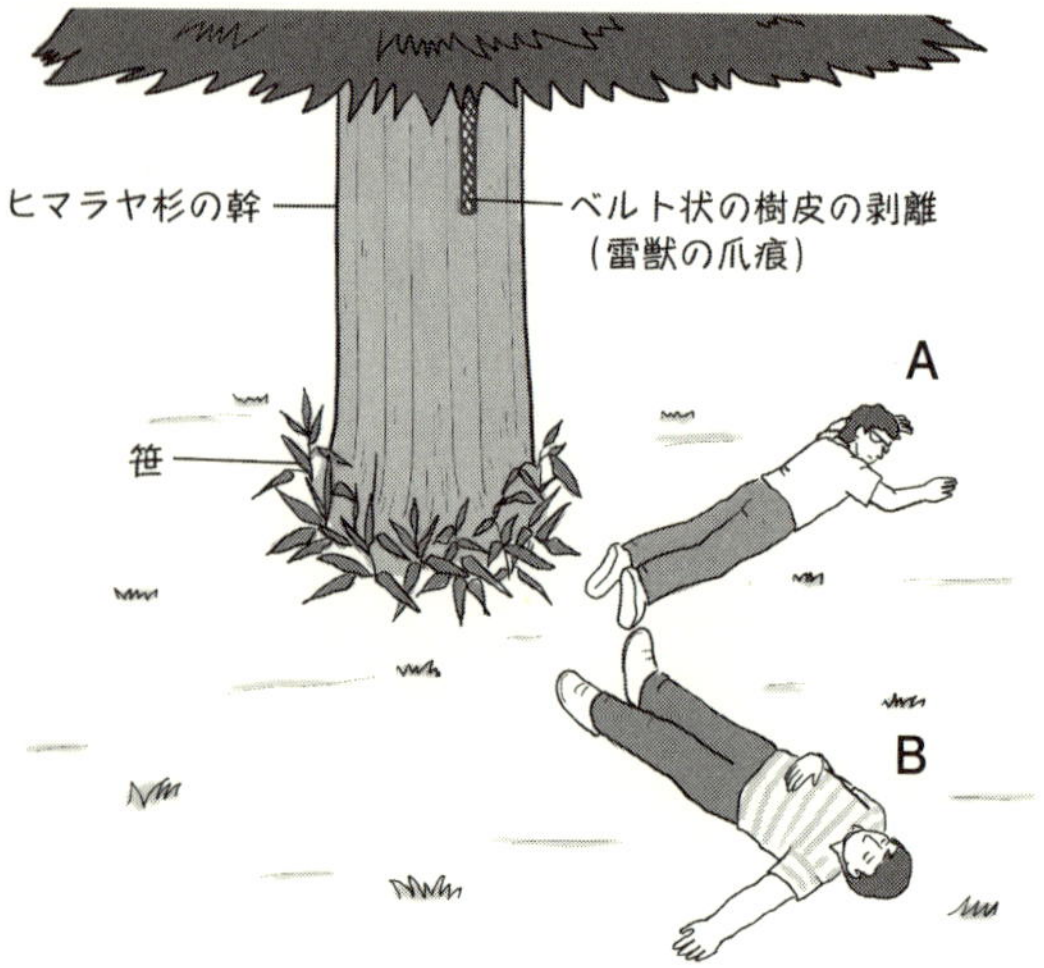

A、Bが、高さ約15mのヒマラヤ杉の下で雨宿りをしているとき、ヒマラヤ杉に落雷、2人は図1のように倒れ、到着した救急車の隊員によって死亡が確認された。ヒマラヤ杉の幹には垂直方向に、幅2～4㎝のベルト状の樹皮剥離が生じ、高さ約１６０㎝で終わっていた。落雷電流はこの樹皮剥離にそって流れ、その終点から火花放電となってAの頭部に達し、Aの全身を流れて大地に拡散した。Bには、ヒマラヤ杉の枝を伝わる別の落雷電流の分流が、火花放電をおこして流入したと推定される。この事故は上尾市落雷と名付けられた。このような樹の下の雨宿りの落雷事故は、多数発生している。

当事者がパンフレット「雷から身を守るには―安全対策Q&A―」を一読していれば、これらの被害は、すべて避けることが出来た筈である。

4 屋外スポーツにおける落雷事故

１９７９年5月26日午後、郡山市日本大学工学部グラウンドでは降雨中にサッカーの試合が行われていた。雷鳴は遠かったが、16時30分頃プレーヤーの1人が雷の直撃を受けて即死した。他のプレーヤーやアンパイヤーは、衝撃を受けたが軽症か無傷害であった。この事故は郡山市落雷と名付けられた。

　1987年8月14日15時頃、東京都世田谷区成城グリーンプラザのテニス・コートでは、電光、雷鳴をともなう激しい雷雨となりプレーが中止されていた。15時45分頃西の空が明るくなり、雨が止んだのでプレーが再開された。約30分後に落雷がおき、4人のプレーヤー中ラケットを振り上げていた前衛が直撃を受けて倒れた。近くのコートでプレーをしていた医師がかけつけて調べると、被害者は意識を失い、心拍・呼吸が停止していた。医師は、生存者の協力を得て、継続して被害者に心臓マッサージ・人工呼吸を施し、救急車で病院に運んだ。この処置で被害者は生命をとりとめたが、背中、両肩、肘、手首に、長期にわたり痛みを感じる後遺症に悩まされた。この落雷事故は世田谷落雷と名付けられた。

　1987年7月15日岐阜県可児市の日本ラインゴルフ倶楽部のフェアーウエーで、4人のプレーヤーが1人のキャデイをともなってプレーをしていた。雨は降らず、青空が見られる天気であったが、それ以前には、南南西の黒雲に電光が望見され、雷鳴が聞こえた。岐阜地方気象台から雷注意報が発令されていた。12時45分頃突然落雷がおき、図2に示すように、5人全員が意識を失って倒れた。4人は即座に意識を回復し立ち上がったが、1人は仮死状態で、人口呼吸・心臓マッサージを継続して施して病院に運ばれたが、死亡と診断された。この落雷事故は可児市落雷と名付けられた。

1978年7月9日午後、和歌山県橋本市岸上グランドで、小学生の野球試合が行われていた。雷雨が激しくなり、指導の先生は、選手達に金属を捨てるよう指示し、屋内に避難させた。15時頃、雨が止み、青空が見えてきたので試合を再開し、F君が3塁コーチボックスに立った瞬間に落雷の直撃を受けて倒れた。3塁手は背中に電気ショックを感じ、3塁塁審は手の甲が赤くなった。F君は救急車で橋本市民病院に運ばれ、人口呼吸・心臓マッ

図2 可児市落雷：ゴルフ場のフェアウェーと被害者の位置

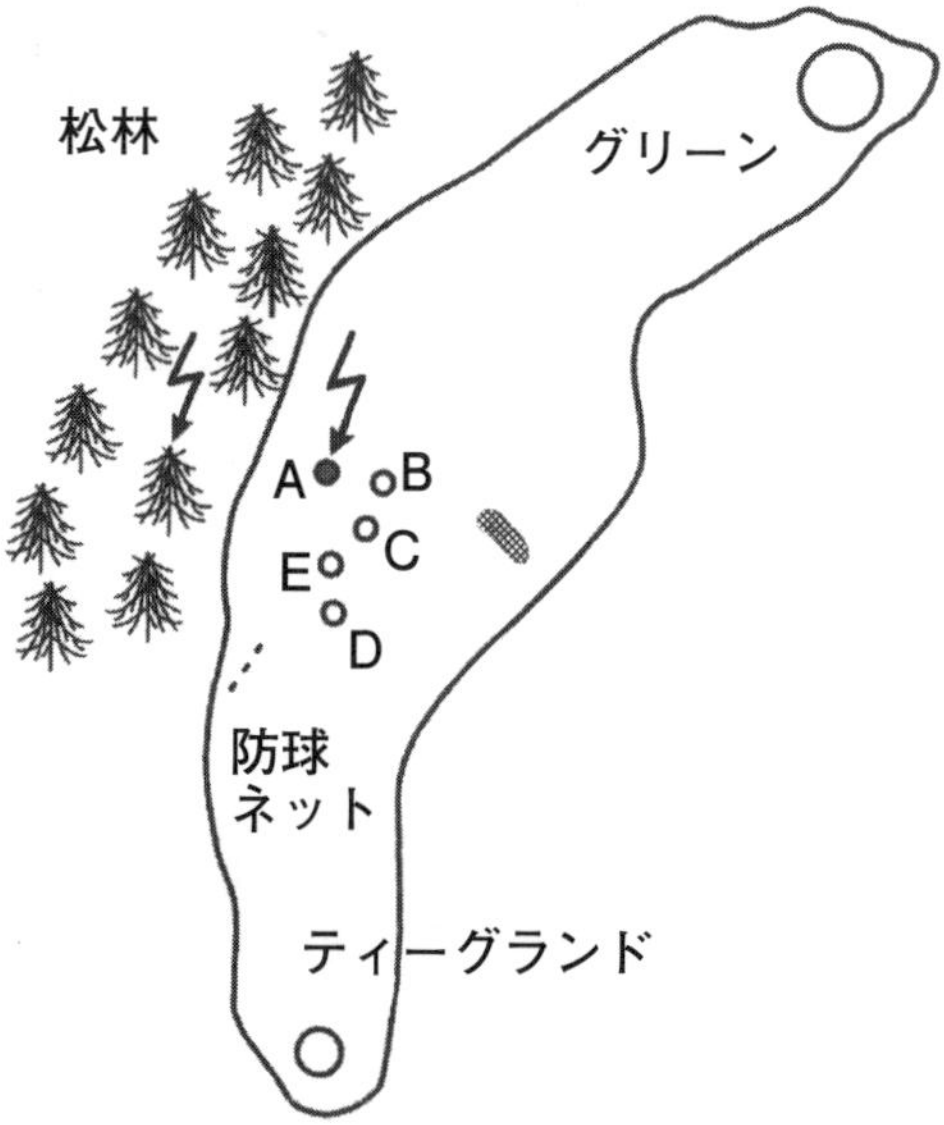

サージ、その他手厚い医療を受けたが２時間後に死亡した。この落雷事故は橋本市落雷と名付けられた。

「空は曇っているが雷鳴は聞こえない」「かすかに雷鳴が聞こえるが、頭上には雷雲はない」「雷雲が過ぎ去って上空は青空となった」——このような状況で屋外スポーツを続行或いは再開して、プレーヤーが落雷の直撃を受けたという事故は数多く発生している。このような落雷事故は、パンフレット「雷から身を守るには—安全対策Ｑ＆Ａ—」の指針が実施されていれば、すべて避けることが出来た筈である。

昔は、雷は、神の怒りとして恐れられていたが、今日では、人体への落雷問題を含め、雷の科学的研究が十分に進展し、有効な安全対策が明確になっている。この知識を活用すれば、雷の災害を最小限に留めることが出来る。以下に、この雷から身を守る方法を順を追って解説する。

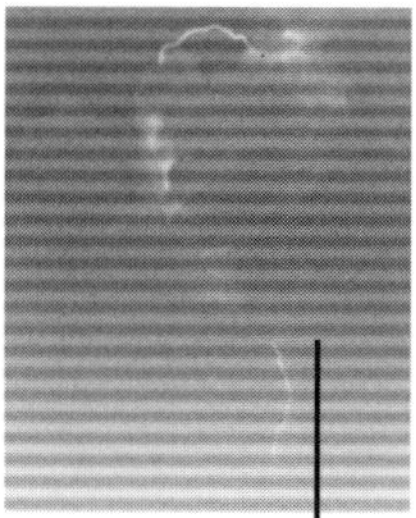

第1章　雷による人体の傷害と雷から身を守る方法

5　雷は人体にどの様な傷害を及ぼすか？　直撃傷害と側撃傷害

(1)　直撃傷害……雷雲が活動しているとき、人が屋外にいると雷雲からの放電を受け傷害を受ける。これが直撃で、被害者の約80％は死亡する。死因の多くは、心拍と呼吸の同時停止である。心拍、呼吸の停止が回復すれば、助かる場合もあるが、心拍・呼吸停止の影響は大きく、回復には１カ月位の入院加療が必要となる。このように雷の直撃をうけると死亡・重症の傷害をうける。生命をとりとめれば、やがて正常に回復することが通常で、後遺症になやまされる場合は少ない。

(2)　側撃傷害……人体が、落雷を受けた物体（樹木、ポール、他の人体等）に、接触或いは接近していると、受雷物体から人体に２次放電がおきて、傷害を受ける。受雷物体との距離や相対位置により傷害の程度はまちまちであるが、受雷物体に接触或いは２ｍ以内の近距離にいると、落雷電流の主流が人体に流入し、直撃同様に死亡・重症の被害を受ける。２ｍ以上離れていても落雷放電路の分岐が人体に達し、傷害を受けることがある。一般に、受雷物体からの２次放電による人体の傷害を側撃傷害という。

(3) その他の傷害或いは軽微な影響…落雷点の近傍にいると直撃、側撃を受けなくても、電気ショック、シビレ、疼痛等を感じ、火傷、外傷、頭痛、発熱、身体がダルイ等の傷害或いは影響を受けることがある。これらについては第3章25節で説明する。

6　雷はどんな所に落ちるか？

雷は、海面、平野、運動場、森林、山岳等ところを選ばず落ちる。ただ、落雷点の近くに高い物体（塔、樹木等）があると、落雷電流はこれを経由して大地に流入することが多い。避雷針は、落雷のこの性質を利用して、近くに落ちる筈の雷を引き寄せ、落雷電流を安全に大地に流し込む装置である。高さが同じならば、鉄塔も樹木も、雷を引き寄せる効果は同程度である。しかし、高い物体が雷を引き寄せる範囲は、狭く限られている。高い物体の頂上を中心とし、その高さを半径とする球を考えると、この球に到達する雷が、その頂上に引き寄せられる。高さが30m以上になると、この球の半径は30m止まりとなり、それ以上大きくはならない。例えば、高さ１００mの塔があると、その頂上を中心とする半径30mの球に達する雷は、この塔に落ちる。従って、高い物体で、人が落雷から保護される範囲は、その足下を中心とし高さを半径とする円内になるが、高さが30m以上のときは、保護範囲の半径は30m以上には広がらない。配電線、送電線、電話線等水平に伸びる電線は、高い物体と同じように、その真下に、保護ベルト地帯をつくるが、ベルト地帯の幅は電線の地上高の2倍で、地上高が30m以上になると、保護ベルト地帯の幅は60m止りとなる。

人が2人並んでいると背の高い人に落雷することが多いが、運動場や広場などに人々が散在すると、身長とは関係がなくなり、誰に落雷するか予測はつかない。

7　雷雲の発生・接近を知る方法

もくもくと成長する入道雲は、発達して雷雲になるので、入道雲の発生は、雷雲来襲の前兆と考えてよい。また、前ぶれとして、突風が吹くことがあり、アラレ、ヒョウ、雨滴がパラパラと降ることもある。しかし、落雷は、これらの前兆に先駆けておきることがあるので、早めの避難が大切である。微かでも雷鳴が聞こえると、次の雷は頭上に落ちてくる可能性が高い。

雷雲が発生或いは接近すると、ラジオ、携帯ラジオ、無線受信器に、ガリガリと雑音が入る。このときは空模様に注意し、早めに避難する。ただしＦＭ受信では、雑音が入り難いので雷の探知には役立たない。

8　雷から身を守る方法

①　**安全空間に入る。**屋外にいると、身に着けた金属を捨て去っても、落雷を受ける。フード付きのレインコートを着て、ゴム長靴を履いても安全にはならない。**落雷から身を守るには、落雷が届かない空間——安全空間——に入らなければならない。安全空間とは、丈夫な導体（電気を流す物体）で囲まれた空間で、乗用車（無蓋車は不可）、バス、列車、コンクリート建築等の内部である。**窓や入り口が開いていても、ここから外に頭や手足を突き出さなければ、落雷を避けることが出来る。**木造建築内は１００％安全とは言えないが、屋外より遥かに安全であるから安全空間に加えることが出来る**（掘立て小屋やテント内は安全にはならない）。

②　**屋外では、樹木から遠ざかり、姿勢を低くする。金属・非金属にかかわらず物体**

を身体より高く突き出さないようにする。眼鏡、ネックレス、腕時計、硬貨等の金属は、身につけたままとする。周囲を見回し、近くに高さ5m以上の物体（塔、煙突等）があるときは、図3に示すように、この物体の足下を中心とし、物体の高さに等しい半径の円を考え、その円内に入る。この円内に落ちる筈の雷は、物体の頂上に引き寄せられ、物体を経由して大地に流れ込むので、この円を保護範囲と呼ぶ。直撃を避けるには、この保護範囲に入って姿勢を低くすることである。またこの物体に避雷針が付いていないときは、物体のどの部分からも、３m以上離れて姿勢を低くする。ところが、物体の高さが30m以上になると、足下から30m以内が保護範囲となり、保護範囲はそれ以上には広がらない。図4に示すように、配電線、送電線、電話線等水平に伸びる電線の真下のベルト地帯も保護範囲となる。保護ベルト地帯の幅は、電線の地上高の2倍となり、電線の地上高が30m以上になると、保護ベルト地帯の幅は60m止まりとなる。ただし、高い物体や電線等の保護範囲の安全性は１００％ではないので、雷放電の様子を見計らって安全空間に避難する。高さが5m以下の物体からは遠ざかる。

また、雷の被害者が出たら直ちに救助活動を始める。以上をまとめると…

① **絶えず雷鳴と空模様に注意し、雷のけはいを察知したら、出来るだけ早く安全空**

図3 高い物体の保護範囲

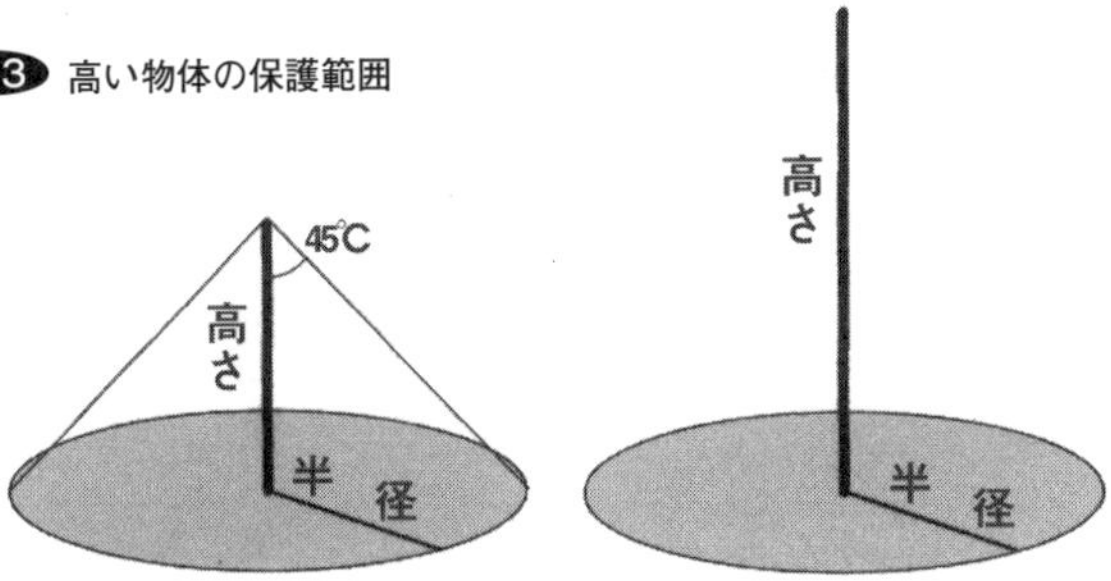

半径＝30m
高さ30m以下のとき

半径＝30m
高さ30m以上のとき

図4 送電線の保護ベルト地帯

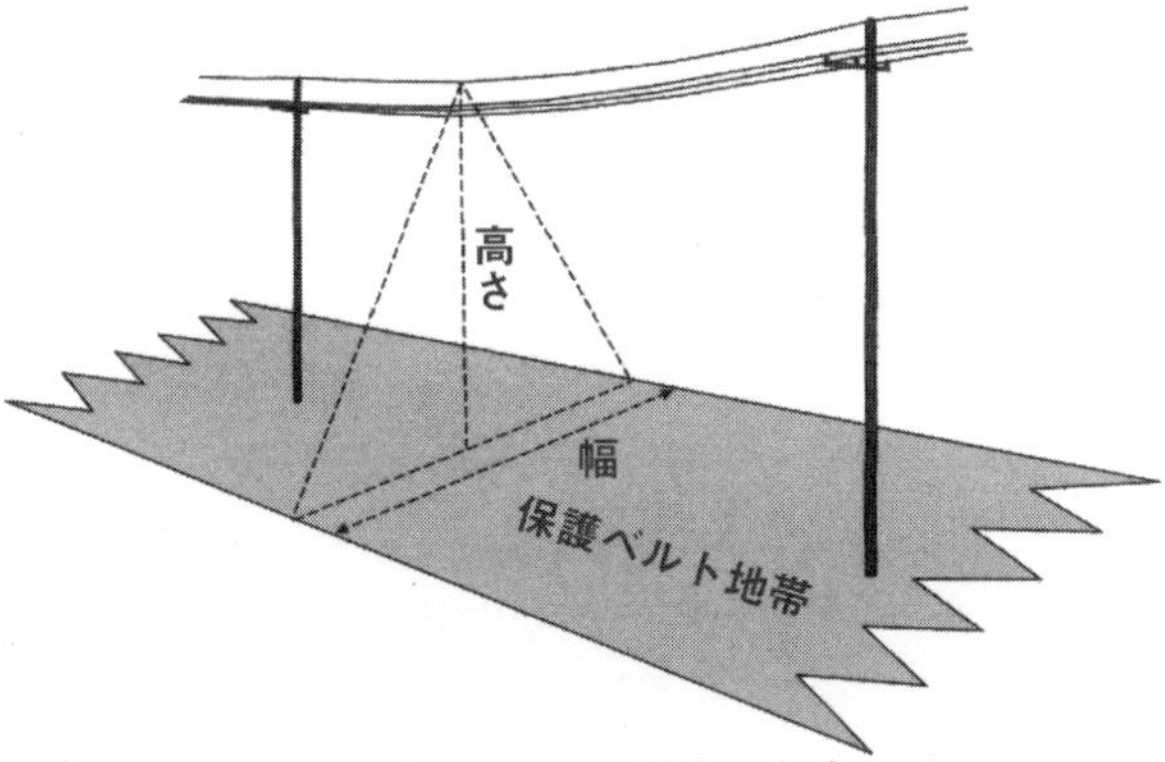

高さ30m以下のとき：
幅＝高さ×2

高さ30m以上のとき：
幅＝60m

間――自動車、バス、列車、コンクリート建築等――の中に避難する。木造建築があれば中に避難する。掘立て小屋やテントからは出て避難する。

②　屋外にいて近くに安全空間がないときは、先ず樹木から遠ざかる。次いで姿勢を低くして、洋傘、杖、釣り竿、リュックサック等、金属・非金属にかかわらず物体を身体より高く突き出さないようにする。眼鏡、ネックレス、腕時計、硬貨等の金属は、身につけたままとする。

③　高さ５ｍ以上の物体（塔、煙突等）があるとき、送電線、配電線、電話線等水平に伸びる電線があるときは、その保護範囲に入る（図３、図４参照）。

落雷で倒れた人が出たら、脈拍・呼吸を調べ、停止しているときは直ちに心肺蘇生法（人工呼吸、心臓マッサージを交互に行う）を施し、回復するまで続ける。

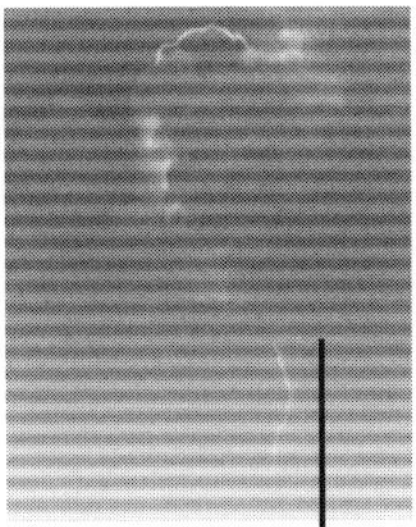

第2章　雷雲の気象学

9 雷はどのような自然現象か？

電気を流す物体を導体、流さない物体を絶縁体という。金属は一般に導体で、その中でも銅は良好な導体で、電線や電気機械によく使われる。陶磁器、ガラス、ゴム、プラスチック等は絶縁体である。空気も絶縁体で、我々は空気中で安全に電気器具を使用している。

ところが、２つの金属球を対立させた電極に、非常に高い電圧を加えると、金属球間に火花放電がとぶ。これは電極間の距離に対して電圧が一定値を超えるときにおこり、大型の球電極では、間隙１㎝に対して３万ボルト以上の電圧を加えるときにおこる。火花放電の発生条件は電極の形状にも依存する。火花発生電圧は球電極のとき最大で、尖端が尖った間隙１㎝の針電極では、約５０００ボルトで火花放電がとぶ。このように火花放電がおこる現象を空気の絶縁破壊という。このとき空気分子が破壊され、電子とイオンに分離され、その移動によって電気が流れ、同時に光が発生し、音が出る。

夜間、電車のパンタグラフと架空線の間で火花が飛ぶのが見られる。これは電車の振動でパンタグラフと架空線が離れ、その間の空気の絶縁破壊がおきるからである。

このように空気は、距離あたりの電圧（電磁気学ではこれを電界と呼ぶ）が一定値より高くなると絶縁破壊がおきる。

雷は、雲の電気がおこす空気の絶縁破壊である。このとき発生する光が電光で、音が雷鳴である。電光の長さは、20㎞も伸びることがあり、平均5㎞程度で、雷は超大型の火花放電ということが出来る。

10　地球をとりかこむ大気層の構造

大気層は、下から順に、対流圏、成層圏、中間圏、熱圏の4つの圏に分けられる。雲が発生し、雨が降る、風が吹く等の天気現象は、もっぱら対流圏でおこる。対流圏は赤道地帯で最も高く約16㎞、極地方で最も低く約8㎞、中緯度地帯は、その中間で夏に高く冬に低くなる。

図5はこの4つの圏を示す。対流圏の特徴は、高度とともに気温が低下することで、高度1㎞当たり平均で6.5℃気温が低下する。地表の気温が30℃の真夏でも、高度5㎞で

は気温はおよそ０℃、７㎞ではおよそマイナス20℃となっている。対流圏の上層では、気温は一定となりやがて上昇する。この範囲を成層圏と呼ぶ。高度およそ50㎞で気温の変化は反転し、高度とともに低下し、高度約80㎞まで低下を続ける。この範囲を中間圏と呼び、その上層を熱圏と呼ぶ。熱圏では、高度約90㎞までは気温は殆ど変らないが、その上方では再び増加し、３００㎞を超えると増加の傾きは次第にゆるやかになり、５００㎞以上では一定となる。３００㎞より上方を外気圏と呼ぶ。成層圏の

図5 気温の高度分布と大気層の４つの区分

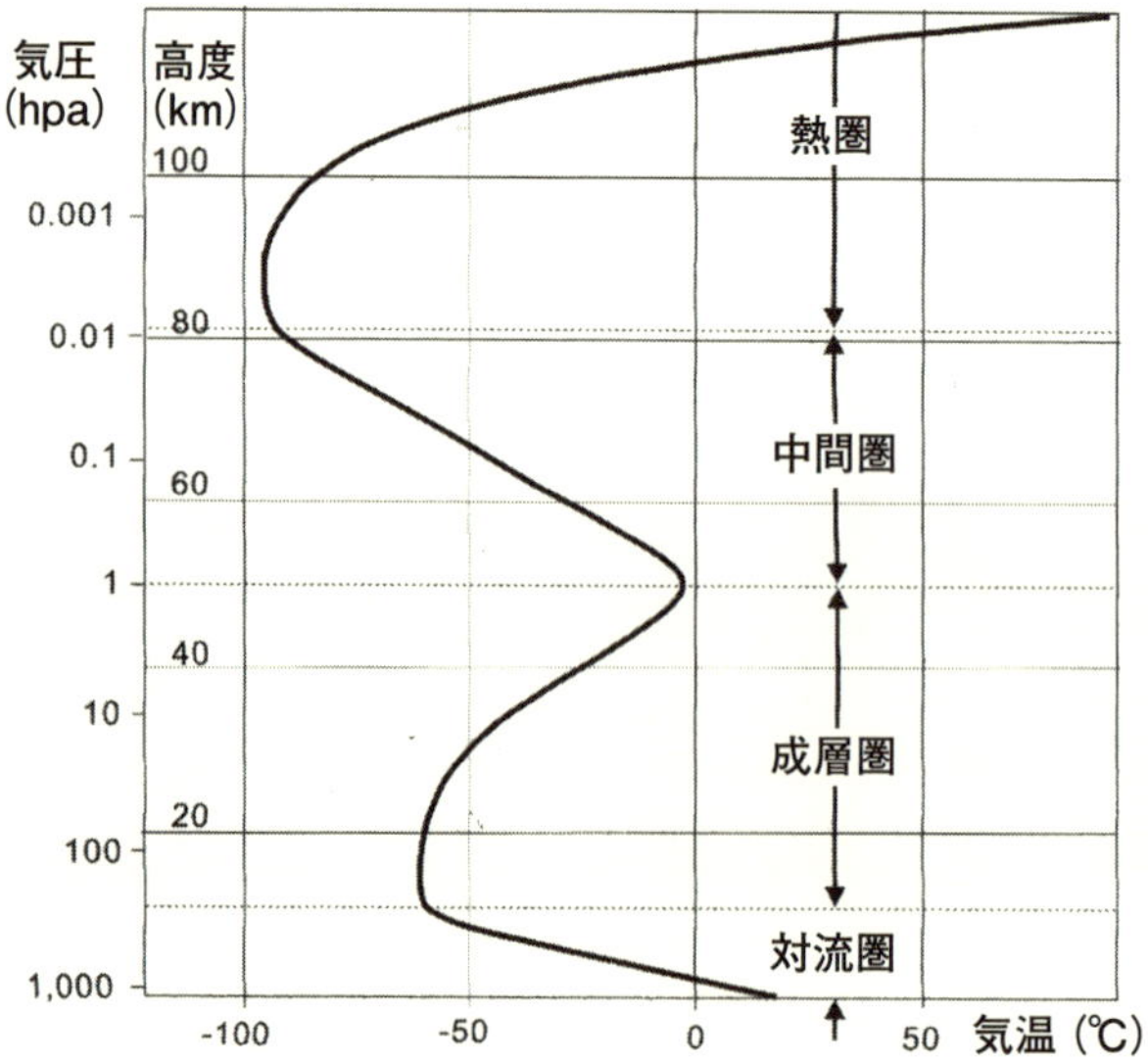

高度20～25kmには、オゾンの濃度が高いオゾン層がある。オゾン層は、生物に有害な太陽の紫外線を吸収する作用があるので知られている。

成層圏では、空気は静止していると考えられたが、今日では、地球規模の周期的な大気運動がおこっていることが判明している。

11 大気中の水蒸気と雲の発生

地表の空気は、体積比約4対1で窒素、酸素からなり、これに微量の二酸化炭素、ヘリウムが含まれている。この組成は高度80kmあたりまで一定に保たれる。これに加え、空気には水蒸気が含まれる。その量は時と場所によってまちまちであるが、水蒸気の含まれる割合には限度があって、この限度に達すると、水蒸気は飽

図6 飽和水蒸気曲線

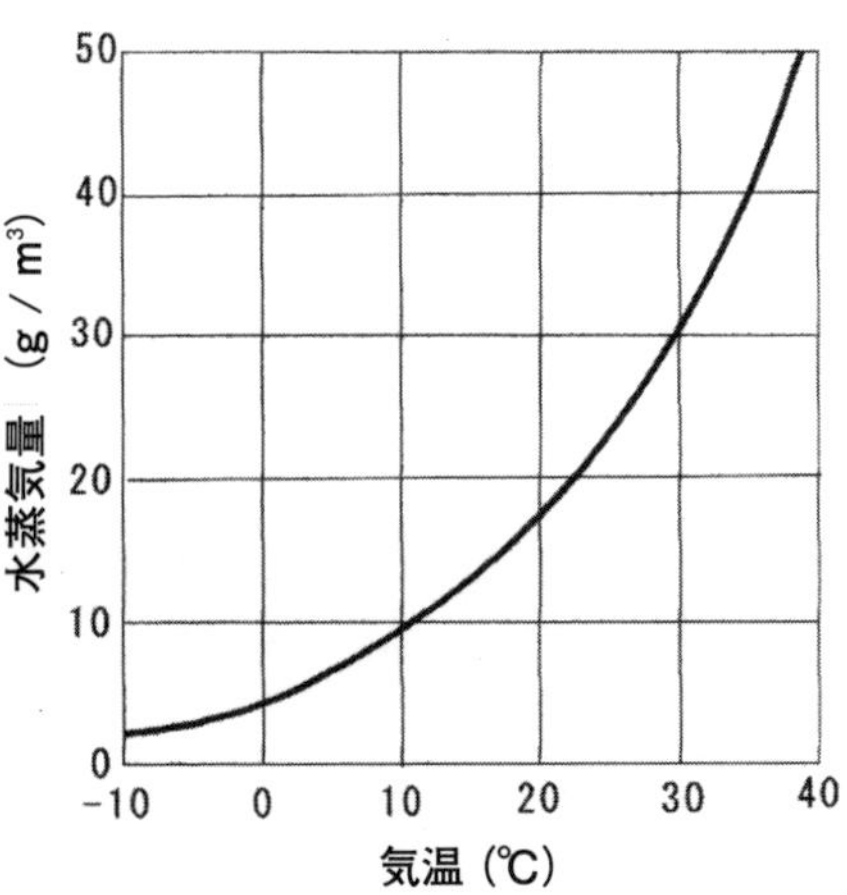

和しそれ以上増加しない。この水蒸気の含まれる限度、飽和水蒸気量は、図6に示すように、温度によって大きく変わる。30℃では1立方メートルあたり30gまで水蒸気が含まれるのに対し、0℃では4gまでしか含まれない。飽和がおきると限度をこえた水蒸気は、水或いは氷に還元する筈であるが、大気中では、これが以下に述べるような特有の形態でおこる。

大気中にはエーロゾルと呼ばれる直径0・01～1μm（1μmは1000分の1㎜）程度の微小浮遊粒子が高い濃度で存在する。その濃度は、市街地では1立方メートル当たり千億個、通常陸上で百億個、海洋上では十億個といわれている。エーロゾルは水に溶け易い親水性のものが多い。飽和水蒸気はこの親水性エーロゾルに付着して、直径0・001～0・01㎜程度の微小水滴となる。水分子は表面積を最小にする性質があり、この水滴は球形となる。このサイズの水滴は、重力にくらべ落下する際の空気の抵抗力が大きく、空気中に浮んでいる。これが雲粒である。

12　雲粒の併合によって降る雨 ― 暖かい雨

水蒸気を含んだ空気が上昇すると雲がつくられ、この空気の上昇が持続すると、雲は成長する。雲の中では、粒径の大きい水滴は、小さい水滴より早く落下して小さい水滴を併合して、サイズが大きくなる。併合によって水滴が大きくなり直径１㎜程度になると、重力が空気抵抗を大きく上回り、有効な速度で落下し、地上に降る雨となる。直径０・００１～０・０１㎜程度の雲粒が、併合によって直径１㎜の水滴になるには時間がかかるので、この過程で降る雨は、降り方が弱く激しい雨にはならない。気象学では、水滴が併合して降る雨を**暖かい雨**と名付ける。

13　雲粒や水蒸気が氷結して降る雨 ― 冷たい雨

水蒸気を含んだ空気がさらに上昇すると気温が低下するが、気温が０～マイナス10℃の範囲では、飽和水蒸気は氷にはならない。エーロゾルは核となって水分子を集める作用はあるが、核となって氷分子を集める作用はないからである。飽和水蒸気はエーロゾルを核にして過冷却水滴になるだけである。空気がさらに上昇し、気温がマイナス10℃以下になると飽和水蒸気は特殊なエーロゾルを核として微小な氷の結晶—氷晶—となる。特殊なエーロゾルとは氷の結晶に似た形状のエーロゾルで氷晶核と呼ばれる。気温がマイナス10℃以下になるとこの氷晶核が出現し、飽和水蒸気の氷結が始まる。しかし出現する氷晶核の数は非常に少なく、その濃度は通常のエーロゾル濃度の1万分の1程度である。飽和水蒸気はこの数少ない氷晶核に集中して氷分子となるので、氷晶は急速に成長し、短時間で雪となり、さらに併合して非結晶のアラレ、ヒョウとなる。雪、アラレ、ヒョウは、有効な速度で落下する。下層から水蒸気を含んだ空気が十分に補給され、この高度まで上昇すると、多量のアラレ、ヒョウが形成されて上昇気流に逆らって落下する。地表付近の気温が高いと、アラレ、ヒョウは融解して雨となる。この過程で降る雨、雪、アラレ、ヒョウを気象学では**冷たい雨**と名付ける。気象学では、雨、雪、アラレ、ヒョウ、ミゾレ等落下する水粒子、氷粒子を総称して**降水**と呼ぶ。激しく降る**降水**は、すべて**冷たい雨**に属する。ここに直径1~5㎜の氷粒をアラレ、5㎜以上の氷粒をヒョウと呼ぶ。

14　雷雲はどのような雲か？

発電には動力が必要である。人類が使う電気は、水力、火力、風力、原子力等を動力として発電される。雷電気発電の動力は、雲粒に働く上昇気流の風力と降水に働く重力の組み合わせである。雨滴は落下中に分裂するので直径3㎜以上にはならない。雨滴に働く重力では、雷電気の発電には不十分で、**暖かい雨**を降らせる雲では雷はおきない。**冷たい雨**を降らせる雲で、特に背の高い雲が雷雲となる。

　気温がマイナス10℃以下となる上層まで、水蒸気を含んだ空気が上昇すると、多量のアラレ、ヒョウが生成され、上昇気流に逆らって激しく落下

図7　入道雲

図8　カナトコ雲

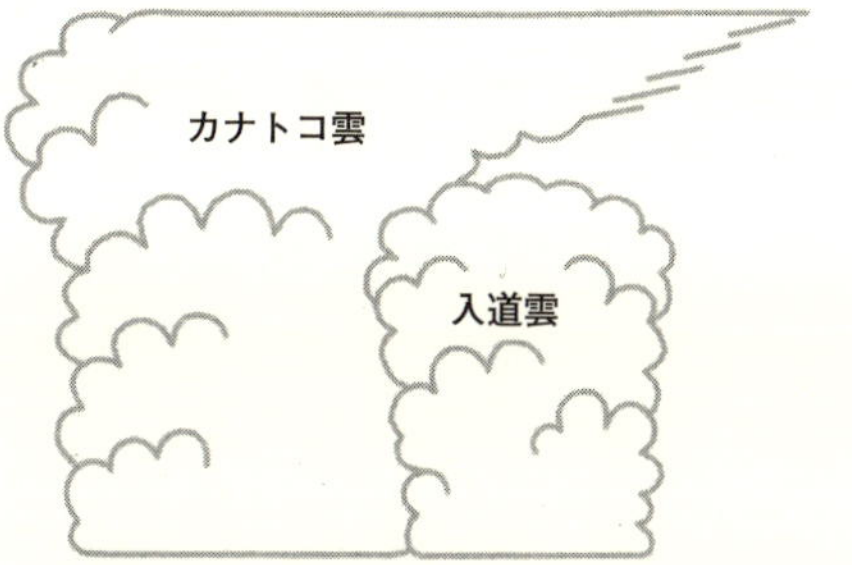

する。このとき、空気の絶縁を破壊するに十分な電気が発電される。この雲が雷雲で、夏は雲頂高度が7㎞以上となる。激しく雷をおこす優勢な雷雲は、対流圏最上層に達する。図7に示す入道雲は発達期の雷雲である。入道雲が発達するとその頂上付近には、図8に見られるように、ロート状の白い雲が広がり、カナトコ雲となる。これが成熟期の雷雲で、気象学ではこれを積乱雲と呼ぶ。ロート状の部分は、細かい氷の結晶（氷晶）からなり、その上辺は対流圏の最上層に達し、水平に広がる。通常、カナトコ雲のとなりには新しい入道雲が発生し、これが成長し、大きな雲のかたまりとなって移動する。これが代表的な夏の雷雲である。

15 雷雲はセルと呼ばれる雲の集まりから成っている

雷雲は、急速に成長、活動、消失し、その生命は約45分である。最初の15分が発達期で、雲頂高度が最大の成熟期（積乱雲）となり、15分間放電活動を続けて地上に激しい雨を降らせ、その後消滅期に入り15分くらいで消失する。この雲は、背は高くなるが、水平の広がりは小さく、直径5～7㎞程度である。この雲を雷雲セルと呼ぶ。

図9 夏の雷雲セルの模式図

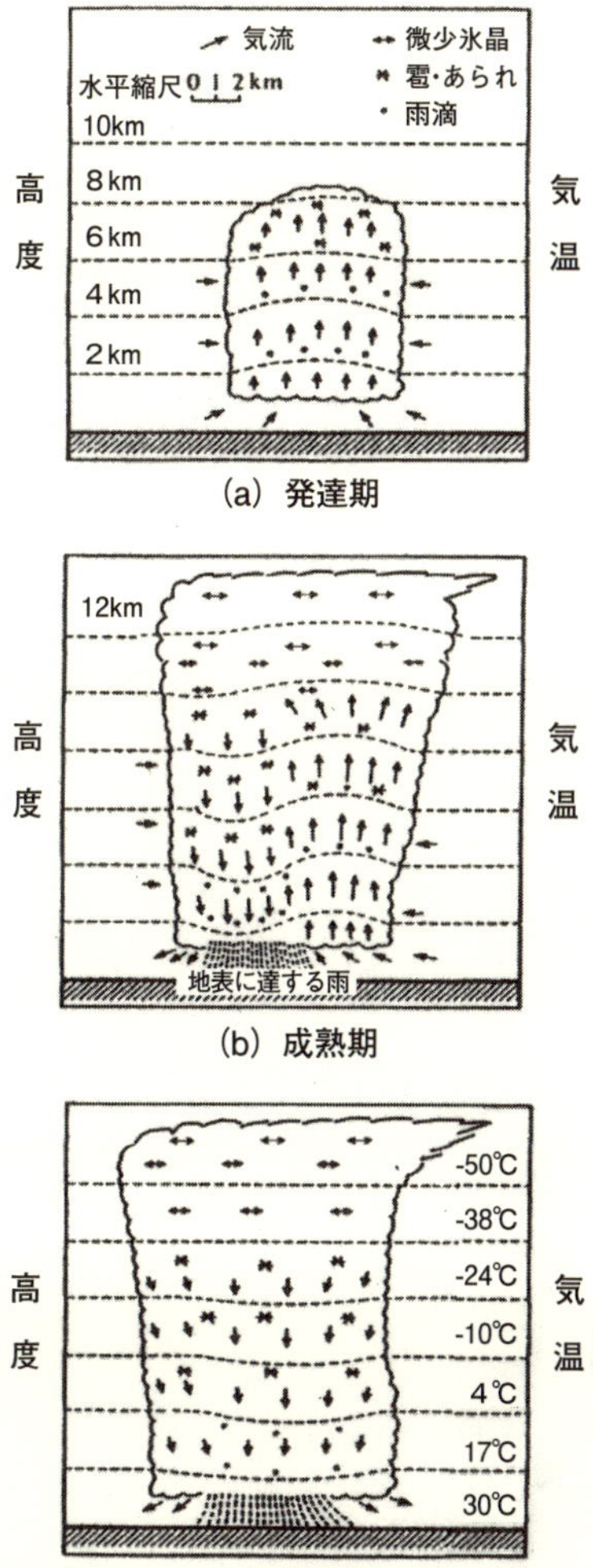

図9は夏の雷雲セルを模式的に描いたものである。すべての雷雲はこのセルを単位として成り立ち、長時間活動する雷雲では、多数のセルが相次いで発生し、広域の雷雨では多数のセルが同時に活動する。

16 雷電気はどのように発電されるか？

図10は、夏季と冬季の雷雲セルの形状と電気分布を模式的に示す。夏と冬で地表からの高度がどのくらい異なるか示すため、温度をスケールにした共通の縦軸（温度高度）で、夏季と冬季の雷雲を描いた。雲の上部に広くプラス電気が分布し、雲の中部、アラレが降っている部分にマイナス電気が集中して分布する。これが主要な電気分布であるが、マイナス電気分布の下方、気温0℃付近の

図10 夏季および冬季の雷雲の電荷分布模式図
夏冬それぞれの雲は共通の温度高度座標で描かれている

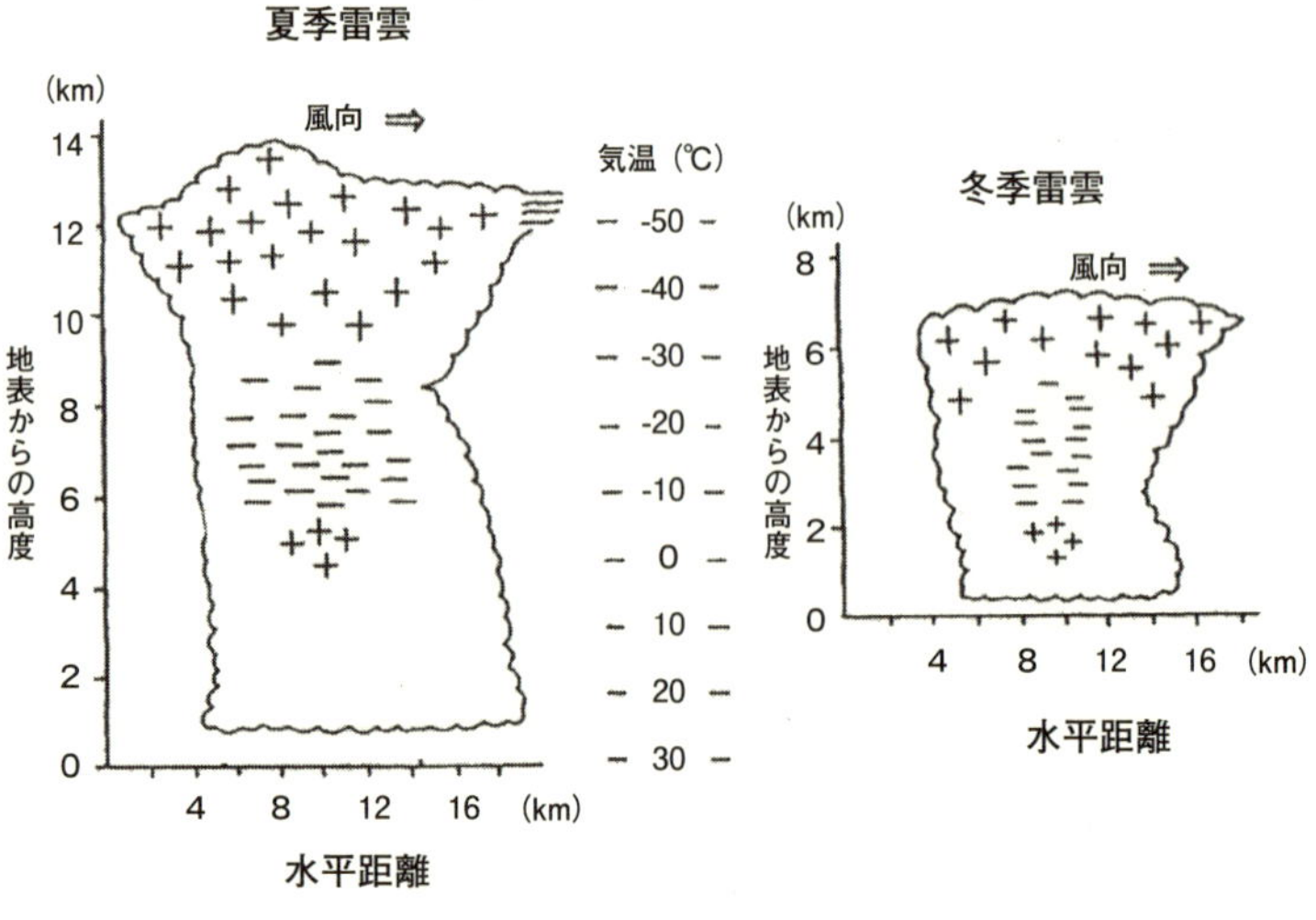

高度に少量のプラス電気が分布している。この電気分布を雷電気の三極分布と呼び、最下部の少量のプラス電気分布はポケット正電気と呼ばれる。

雷雲の中では、アラレと同時に、雲粒となる細かい氷の結晶（氷晶）が多量に生成される。アラレと氷晶が接触・分離するとき電気が分かれて、氷晶がプラスに、アラレがマイナスに帯電する。プラス電気とマイナス電気は互いに引き合うが、氷晶には上昇気流が、アラレには重力が働くので、両者は上下に分離され、雲の上部にプラス電気が、雲の下部にマイナス電気が蓄積する。この電気が一定量に達すると、空気の絶縁が破壊されて雷放電がおきる。雲の中にたまるマイナス電気と地表に誘導されるプラス電気の間でおこる放電が落雷である。

氷晶がプラスに、アラレがマイナスに帯電するのは、気温がマイナス10℃及びそれ以下の低温のときで、０～マイナス10℃の気温範囲では、氷晶がマイナスにアラレがプラスに帯電する。温度高度０℃付近にポケット正電気が分布するのはこの効果による。

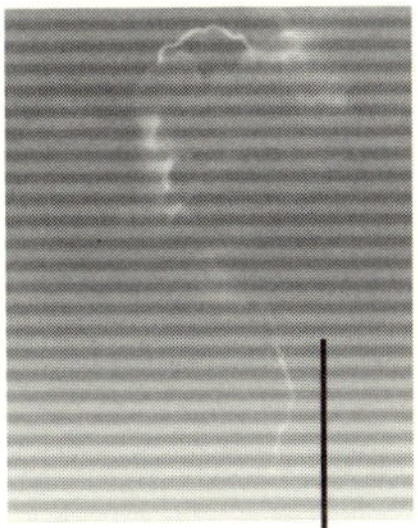

第3章　人体への落雷の研究

17 人体への落雷事故の年間発生回数

毎年雷の季節になると、ゴルファーや登山者が雷にうたれて死亡したというニュースが、テレビや新聞に報じられる。我が国では、交通事故・傷害等による死亡は、必ず警察に通報され、検死が行われるので、警察白書を調べることによって、落雷死亡者数の正確な統計が得られる。また落雷による傷害も警察に通報されるので、落雷負傷者数の統計も可能である。警察白書によって、年毎の死亡者、負傷者を調べてグラフを描くと図11のようになる。このグラフによると、１９６０～１９６２年には年間死者が40人程度であったのが、最近の5年間は6人以下に減少している。大変著しい減少であるが、この減少の原因を解明することは困難である。年毎の落雷被

図11 落雷による年間の死亡者・負傷者の推移（警察白書による）

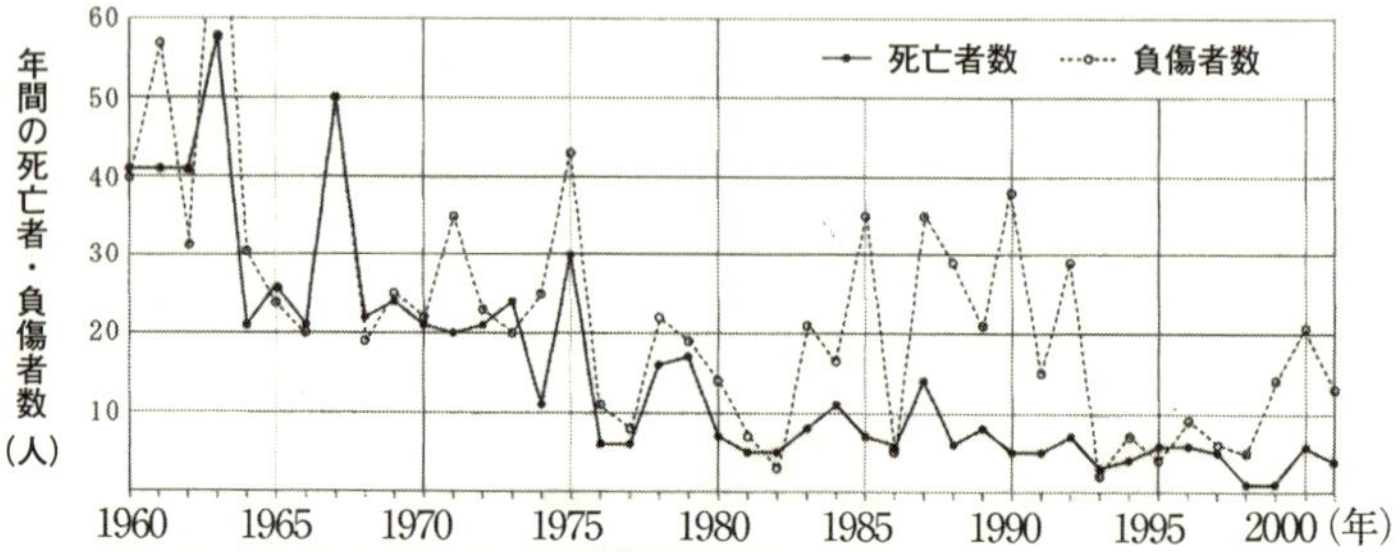

害者数の増減には、屋外農作業件数の増減、屋外スポーツ人口の増減、安全対策普及の程度等、様々な社会的要因が関連しているからである。
最近年間の死亡者が６人程度に減少したといっても、落雷による傷害事故を軽視することは出来ない。人体の落雷問題を科学的に解明することは、重要な課題である。

18　人体への落雷の研究はどのように開発されたか？

近年、科学技術の進展にともない雷の研究は長足の進歩をとげたが、人体への落雷の研究は、国際的にも立ち後れたままになっていた。人体実験を行うことは出来ないので、有効なデータを収集することが出来なかったからである。

著者は、１９７１年に、医・理・工の３分野の研究者からなる「人体への落雷の研究グループ」を組織して、この問題解決の扉を開く活動を開始した。有効なデータを収集するには、電流の流れ方が人体と同等な等身大の人形即ち模擬人体を作成して、これに落雷に相当する高電圧を加える実験を行った。また、ラット、マウス、うさぎ、いぬ等色々なサイズの動物に、落雷に相当する高電圧を加える実験を行って、データを収集し、同時に治療法、予防法を探索した。

　これと平行して、人体への落雷事故の詳細な現地調査を行い、両者の結果を総合して問題の解明をはっかた。著者は、この方式の研究を約30年継続し、世界に先駆けて人体への落雷の特性を明にし、雷に対する人体の安全対策を明確にした。この結果、従来の「被雷心得」は、役立たないことが明白となり、日本大気電気学会は、「雷から身を守るには―安全対策Q＆A―」と題するパンフレットを刊行して、この安全対策の普及を計ることとなった。（１９９１年初版、２００１改訂版）

19　人体への落雷を模擬する実験

発電機、変電器、送電線、配電線等電力供給に必要な諸々の装置を落雷から守ることは、電気工学の重要な課題の1つである。このため、これらの装置へ落雷したときと同様な破壊効果を実現する試験装置が開発された。

　落雷が被雷物体に及ぼす高電圧は、非常に複雑な波形を持っている。その細部を省略し、主要な特性を表示した波形（標準化した波形）を図12に示す。この波形の高電圧を雷インパルス電圧と呼び、電圧の最高値を波高値、電圧がゼロから最高値に達するまでの時間を波頭長、最高値に達してから電圧が１／２に低下するまでの時間を波尾長と呼ぶ。雷インパルス電圧は、波頭長が１００万分の１秒、波尾長が10万分の４秒と言う短時間のものである。この波形の高電圧を発生する装置を、雷インパルス電圧発生装置と呼ぶ。実際の落雷と同じ波高値の雷インパルス電圧を発生することは不可能であるが、ある程度以上に波高値が高い雷インパルス電圧発生装置を使った放電実験を行うことによって、落雷効果を模擬し、装置を落雷から守る方式を案出する資料を得ることが出来る。

　空気は絶縁体で、我々は空気中で安全に電気器具を扱っている。図13に示すように、２つの金属球を対立させた球電極に、非常に高い電圧を加えると、金属球

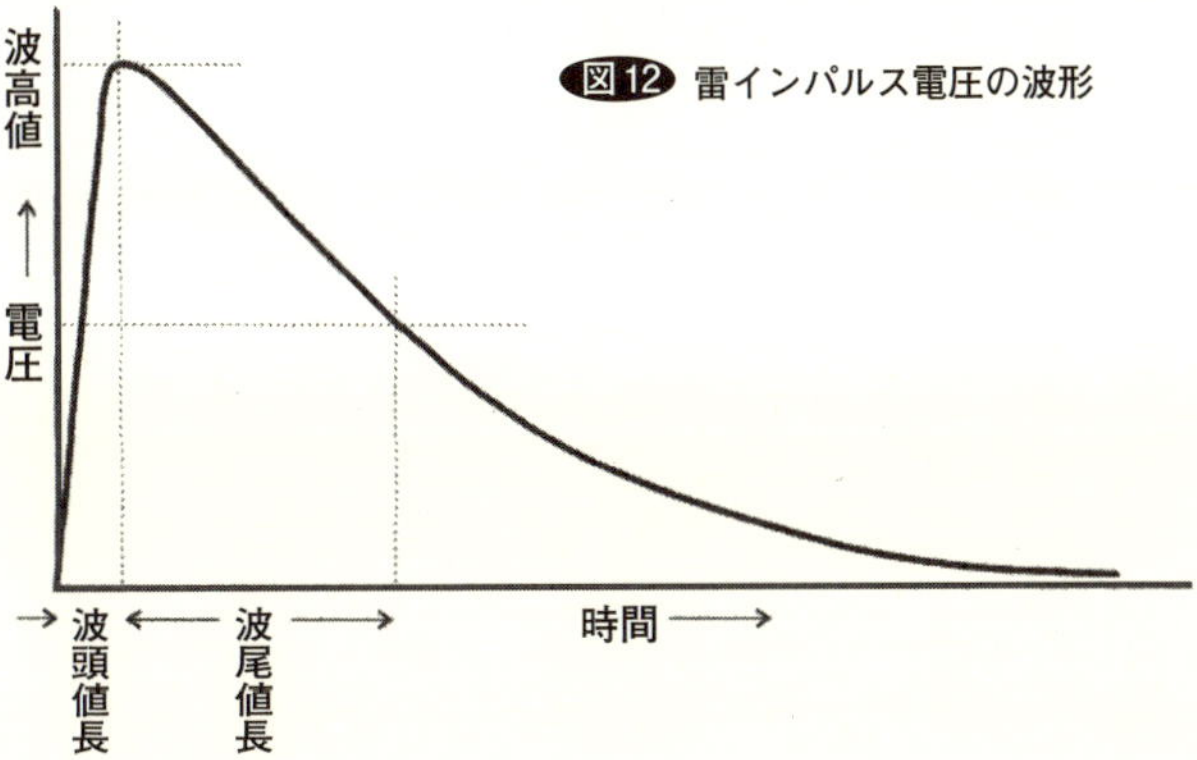

図12 雷インパルス電圧の波形

間に火花放電がとぶ。これは電極間の距離に対して電圧が一定値を超えるときにおこり、大型の球電極では、間隙１㎝に対して３万ボルト以上の電圧を加えるときにおこる。火花放電の発生条件は電極の形状にも依存する。火花発生電圧は球電極のとき最大で、尖端が尖った針電極では火花発生電圧は低下し、針電極間隙１㎝では約５０００ボルトで火花放電がとぶ。このように空気は、距離あたりの電圧（電磁気学ではこれを電界と呼ぶ）が一定値より高くなると絶縁破壊がおきる。

図13 球電極

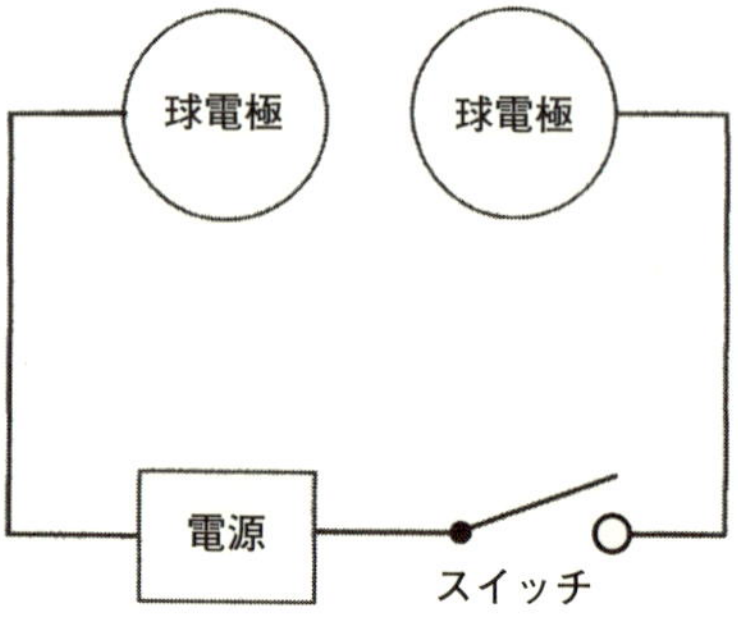

高電圧の実験室では、無用な空気の絶縁破壊をさけるため実験装置は、非常に大型となる。波高値が１００万キロボルト以上の雷インパルス電圧発生装置を使用する実験室は、高さ、水平サイズが10mをこえる巨大な部屋となる。電力中央研究所の波高値１２００万ボルトの発生装置は、屋内では使用出来ず、栃木県塩原町の人家を離れた広

大な敷地に設置されている。

　人体への落雷の研究グループは、雷インパルス電圧発生装置を利用して人体への落雷を模擬する実験を行った。実験の第1目的は、人体が落雷を受けたとき人体内外にどのような電気現象が発生するかを調べることである。これには、等身大で人体と同じように電気を流すモデル人形（模擬人体）を製作し、これに雷インパルス電圧を加える実験を行った。実験の第2目的は、この電気現象が人体に及ぼす傷害を医学的に明らかにすることである。これには、ウサギ、ラット、マウス等の動物に雷インパルス電圧を加え、目視と心電計、呼吸計、血圧計等による計測を行い、動物の生死、経過を調べ、同時に施した医学的手当がどのような効果をもたらすかを調べた。

20　模擬人体（電流の流れ方が人体と同等な等身大の人形）に雷インパルス電圧を加える実験

　人体の皮膚は絶縁性で、１平方cmあたり10～１００ｋΩの抵抗値を持つ。これに対し筋肉、内臓等の内部組織は、導電性で皮膚の抵抗を除くと、頭から両足までの人体の電気抵抗は約３００Ωとなる。等身大のマネキン人形はプラスチック製で絶縁体であるから、これに導電塗料を塗って頭から両足までの電気抵抗を３００Ωとし、その上に絶縁塗料を一様に塗って皮膚に相当する皮膜を作成し、模擬人体とした。

第１目的の実験は、図14に示すように、天井から引き下げた棒電極に対し、２つの模擬人体を対称に並べ、棒電極に雷インパルス電圧を加えた。一方の模擬人体はそのままとし、他方の模擬人体には、金属片を付ける、衣服を着せる等条件を変えて、実験を行った。

図15に示す実験では、ビニールレインコートを着た模擬人体へ放電がおきた。図16に示す実験では、金属片を付けない模擬人体に放電が進

図14　模擬人体に雷インパルス電圧を加える実験

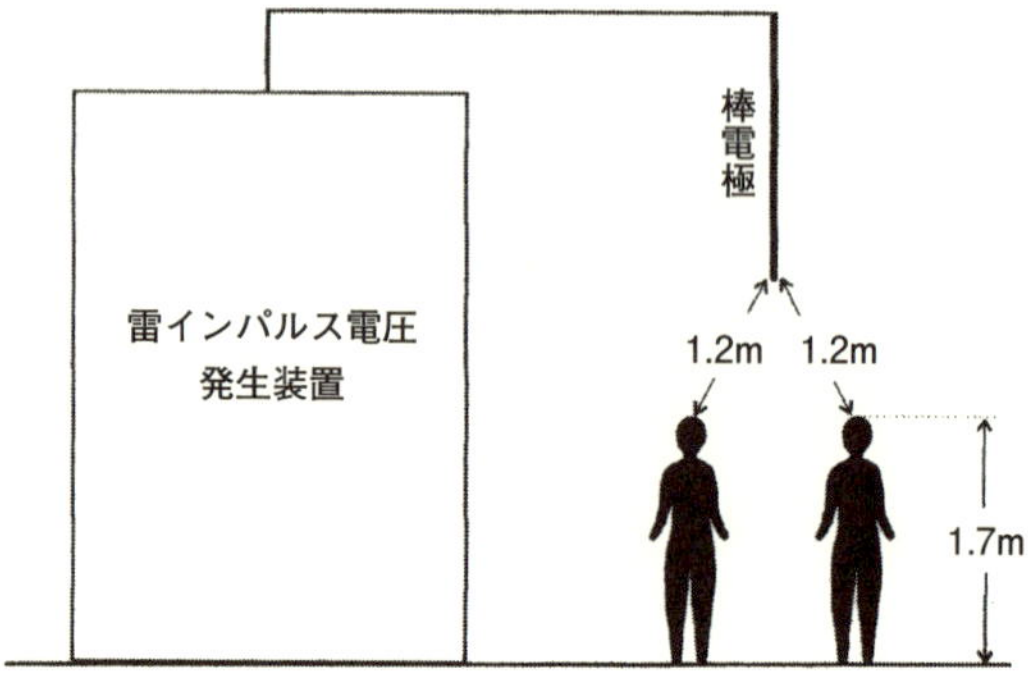

展し、頭部に達した放電は、模擬人体面に沿って地表まで連続する沿面火花放電となっている。図17に示す実験では背中に金属ジッパーを付けた模擬人体に放電が進展し、頭部に達した放電は、模擬人体面に沿って地表まで連続する沿面火花となった。図18の実験は屋外で行い、模擬人体と棒電極の間隙を4ｍとし、波高値の高い雷インパルスを加えて、この間で火花放電をとばせた。この大規模な放電実験においても、頭部にヘアーピンを付けた模擬人体と付けない模擬人体への放電回数はほぼ等しく、頭部の小金属片が、放電を引き付ける効果は全く見られなかった。

図15　レインコートを着た模擬人体への放電

図16　金属片の無い模擬人体への放電

これに対し、図19のように、模擬人体が洋傘をさし、その先端が頭から約20㎝電極方向に突き出ていると、放電は常に洋傘の先端に進展した。洋傘を絶縁性の木の棒に替えても、同じ結果となる。

図17 背中に金属ジッパーを付けた模擬人体への放電

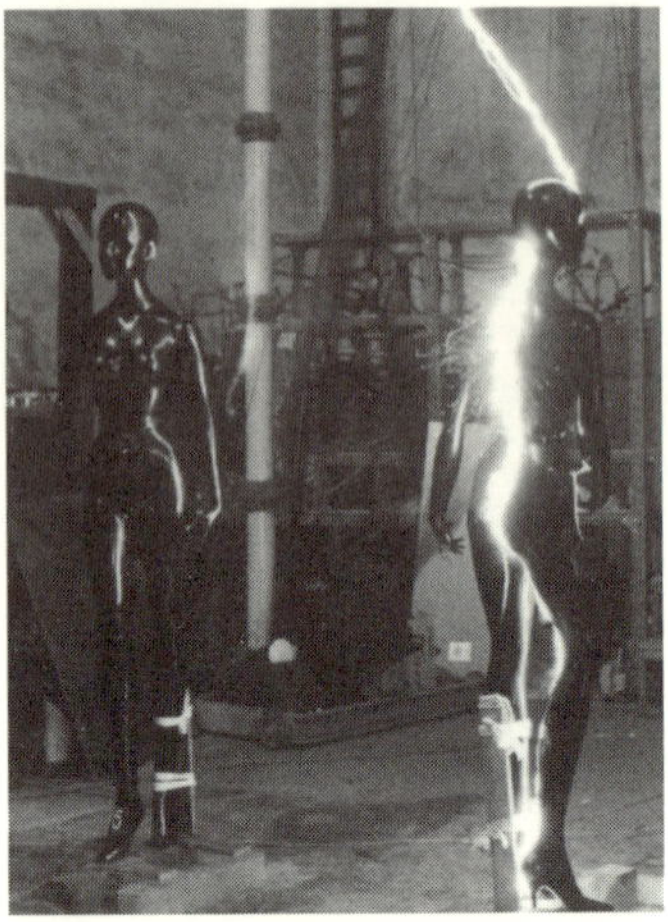

図18 棒電極と模擬人体の間隔を 4 m とした放電事件の一例

図19 洋傘を持った模擬人体への放電

21　動物に雷インパルス電圧を加える実験

第２目的の実験を図20に示す。動物に雷インパルスを加えたとき、動物の体内で発生する電気エネルギー（電圧×電流×継続時間）が、一定値を超えると動物は死亡する。死因は、呼吸と心拍の停止である。ウサギ、ラット、マウス等体重の異なる動物について、死亡エネルギー値（多数の実験を行って、半数が生存し、半数が死亡する結果となるエネルギー値）を計測すると、その値は、動物の体重に正確に比例する。

体重の異なるいろいろな動物について死亡エネルギー値を計測し、その値を体重で割ると、これらの動物に共通する数値が得られる。多数回の動物実験を行い、体重１kgあたりの死亡エネルギー値は（６２・５８±１１・９３）J／kgであるという結果を得た。

落雷を受けた人体の皮膚面の所々に、図21に示すような樹枝状に分岐した赤色或いは赤紫色の模様が生ずることがある。これは**電紋**と呼ばれる。従来その発生原因は不明であったが、今回の動物実験によって、**電紋**は体表の沿面火花放電によっておこる一種の熱傷であることが判明した。ここに、熱傷とは、医学用語で、高熱を加えることによって体表付近におきる傷害のことで、通常は火傷と呼ばれる。

22 落雷を模擬する実験から得られた結果

以上、雷インパルス電圧を加える実験で得られた結果は、以下の5項目にまとめられる。

(1) 波高値１３００kV以上の雷インパルス電圧を加えると、皮膚に相当する抵抗皮膜はもちろん、ビニールレインコート、ゴム長靴の絶縁は破壊され、模擬人体は単に３００Ωの導体として電気を流す。

(2) 模擬人体の表面、実験動物の体表では、非常に火花放電がおこり易いことが判明した。一般に物体の表面では、単純な空気中より火花放電がおこり易く、この放電を沿面火花放電と呼ぶ。模擬人体表面、実験

図20 動物に雷インパルス電圧を加える実験

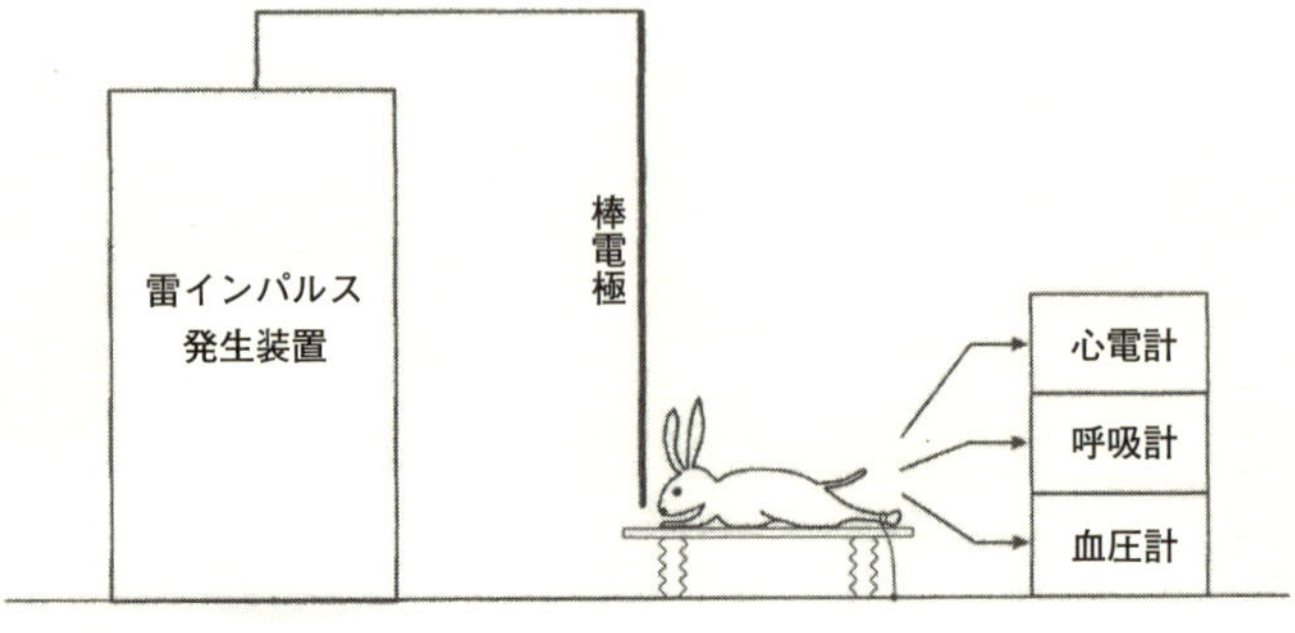

動物の体表では、単純な空気中で火花放電がおこる電界（距離あたりの電圧）の約2分の1の電界で、沿面火花放電がおこる。

(3)　模擬人体の頭部の小金属片が、放電を引き付ける効果は全く見られない。これに対し、金属・非金属にかかわらず物体が頭より上方に突き出ていると、模擬人体が放電を受ける確率が高くなる。

(4)　動物の体内で発生する電気エネルギー（電圧×電流×継続時間）が、一定値を超えると動物は死亡する。体重1kgあたりの死亡エネルギー値は62・58±11・93）J／kgである。

(5)　落雷を受けた人体の皮膚面の所々に、**電紋**と呼ばれる樹枝状に分岐した赤色或いは赤紫色の発色が生ずる。これは体表の沿面火花放電によっておこる一種

図21　代表的な電紋

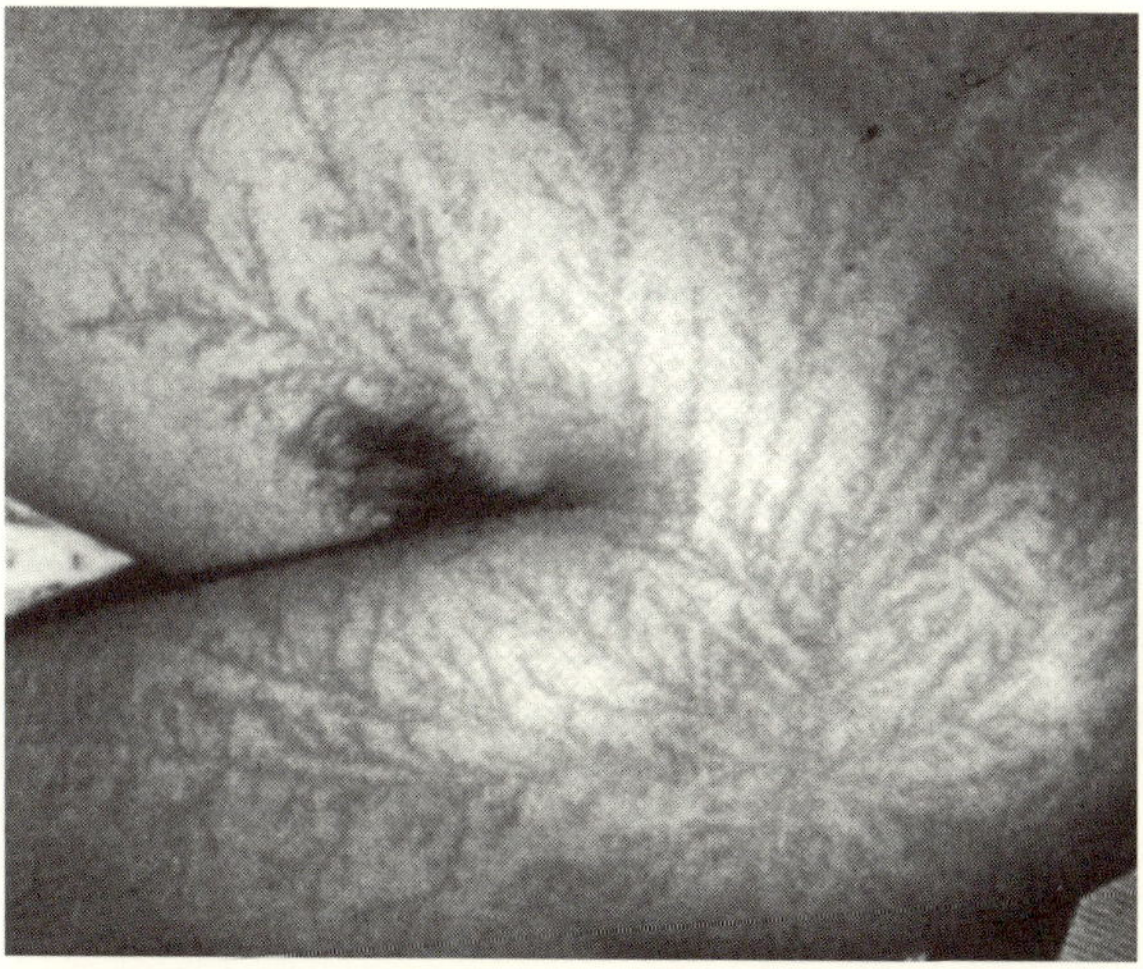

の熱傷である。

23 人体への落雷の現地調査

「人体への落雷の研究グループ」は、人体への落雷について、現地におもむいて、次の項目について調査を行った。

(1) 落雷時の気象状況、落雷地点近傍の樹木、建物などの配置状況と損傷状況、地表における落雷の痕跡

(2) 被害者の衣服、帽子、靴等着用物の損傷状況、金属片その他携行物の有無とその損傷状況

(3) 被害者の生死、症状、受けた医療とその後の経過

「人体への落雷研究グループ」は、1965年7月から2002年8月までの37年間にわたる現地調査によって、合計72落雷事故について調査データを集積し、この調査結果を、落雷を模擬する実験結果と比較検討し、人体への落雷の実態と本質を明らかにした。調査事例は、事故発生の地名を付けて整理した。

24 人体への落雷の特性

以上のような調査・研究によって、明らかになった人体への落雷の特徴は、以下の9項目にまとめることが出来る。

(1) 皮膚、衣服、レインコート、ゴム長靴等の絶縁物は、落雷を阻止する効果は無く、人体は頭から足まで約３００Ωの導体として電流を流す。

(2) 人体表面では、物体の表面に発生する放電―沿面火花放電―が非常におこり易い。落雷電流値が低い期間は、図22(A)に示すように全電流が体内を流れる。電流値が増加すると、図22(B)の

図22 人体への落雷電流の３つのステージ

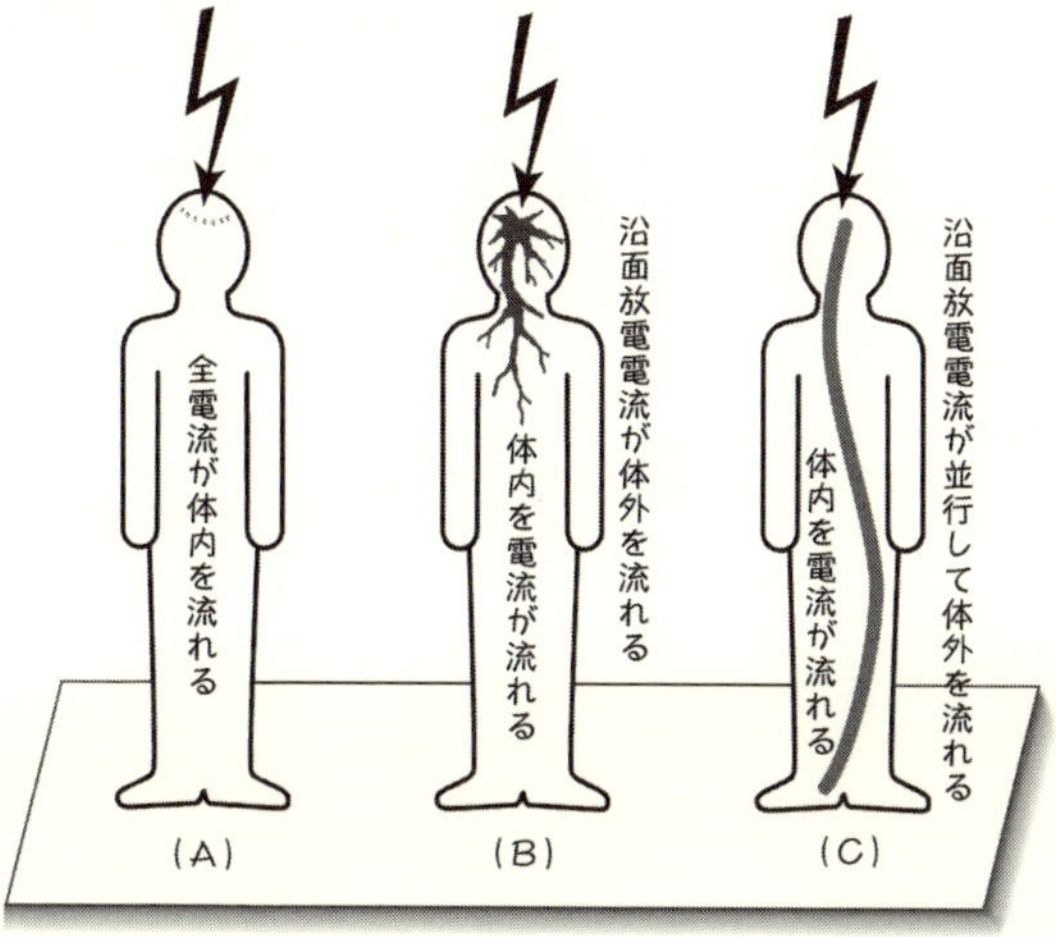

(A) 電流が弱い場合　(B) 電流が強い場合　(C) 電流が強い特定の場合

ように沿面火花放電が発生する。実際には体表のいろいろな部分に多数の沿面火花放電が発生する。大多数の落雷はこのステージで終わり、被害者は高い確率で死亡する。（直撃被害者の死亡率は約80％）場合によっては、図22(C)に示すように、頭から地表まで連続する沿面火花放電が発生する。この場合は、落雷電流の一部は沿面放電電流となって体外を流れ、体内電流の割合が減少し、被害者は死亡を免れることがある。

(3) 死亡は、体内に発生する電気エネルギー（電圧×電流×継続時間）が体重に対して一定値を超えるときにおこり、大多数の死因は呼吸、心拍の同時停止である。少数例では、脳機能の障害で死亡することもある。また体内電流は、意識喪失、シビレ、疼痛、麻痺、運動障害、その他の傷害をおこす原因となる。

(4) 沿面火花放電は火傷、**電紋**、ビランを生ずるが、これらは体表の浅い（2度あるいはそれ以下の）熱傷で容易に治癒する。

(5) 身体に着け、あるいは携帯する金属製品があると、その周辺に沿面火花放電が発生し、火傷、**電紋**、ビランを生ずるが、致命的な体内電流は減少する傾向となる。

(6) 落雷電流が、皮膚、絶縁性の衣服・靴等を通過して体内に流入・流出するときは、直径数ミリメートル以下の小さい面積に集中して流れる。このとき体表の電流の流入・

流出点にやや強い（2度あるいはそれ以上）熱傷をおこすことがあり、この熱傷を**電流斑**と名付ける。

(7)　落雷を引き寄せるのは人体が帯びる金属ではなく、地上から突き出ている人体そのものである。ピッケルや釣竿等物体が、身体より高く突き出ていると、金属・非金属にかかわらず落雷を引き寄せる確率がさらに高くなる。

(8)　避雷針の付いていない高い物体（ポール、煙突等）及び樹木の近傍は、次の2つの理由で平坦地より危険である。第1にこれらの物体は落雷を受け易く、第2にこれらの物体に落雷すると、近傍の人体に**側撃**がおこり、落雷電流の主流が人体に流れ込むからである。受雷物体の近傍に多数の人がいると、死亡者・重症者の数がそれだけ増加する。

(9)　雷は、通常1地点に落ちるが、大気中で分岐して多地点に落ちることがある。これを多点落雷と呼び、およそ20～30％の落雷が多点落雷となる。通常の1点落雷では、死亡者あるいは重傷者は1人に限られるが、多数の人がいるところに多点落雷がおきると多数の人が死亡し、重傷を受ける結果となる。

25 落雷点の近傍にいて受ける比較的軽い傷害

第1章5節（3）で述べたように、落雷点の近傍にいると、直撃、側撃を免れても、電気ショック、シビレ、疼痛を感じ、火傷、外傷、頭痛、発熱、身体がダルイ等の傷害或いは影響を受けることがある。これらは（3·1）歩幅電圧傷害、（3·2）衝撃気圧波傷害（爆風傷害）、（3·3）コロナ放電傷害、（3·4）電磁誘導傷害、（3·5）球電による傷害、（3·6）導線伝播傷害と呼ばれる6つのタイプに分類される。以下にこれらを説明する。

（3·1）歩幅電圧傷害……落雷地点の近くで、腰を下ろしたり、歩幅を開いたりしていると、ショック、シビレ、疼痛、熱傷等を受け、ときには歩けなくなることがある。これが歩幅電圧傷害で、地表面を流れる落雷電流の影響でおこる。地表に達した落雷電流が、地表面全体に一様に広がるときは、重大な傷害にはならない。しかし時として、地表に達した落雷電流が、沿面火花放電となって、一条の火花放電となって地表を進展することがある。この放電路上に人がいると、疼痛、熱傷等の比較的強い傷害を受け、ときに歩行不能となることがある。

（3・2）衝撃気圧波傷害（爆風傷害）……落雷の放電路は瞬間的に約３００００℃の高温となるので、空気の膨張で放電路の周囲に衝撃気圧波が広がる。放電路から50ｍ以上離れると衝撃気圧波は、単なる雷鳴となる。人体が落雷点の近傍にいるとき、衝撃気圧波によって耳鳴りが発生することがあるが、通常は重大な傷害にはならない。しかし、落雷地点の土壌が湿っているとき、直撃を受けた被害者の衣服が濡れているとき等、放電路の一部に一定量の水が存在すると、水の蒸発による水蒸気発生で衝撃気圧波が強まり、強い傷害を受ける。鼓膜が破れる、転倒したり吹飛されたりして外傷を受ける。これらの傷害は、衝撃気圧波傷害（爆風傷害）と呼ばれる。

（3・3）コロナ放電傷害……落雷点の近傍にいると、頭部を殴られた感じを受けることがしばしばある（第4章37節参照）。これは落雷の影響で、人体の頭部から上方に向かって、瞬間的なコロナ放電（相手の電極に到達しないで途中で消失する放電）が発生することによる。その傷害は、通常手当を必要としない程度の軽いものである。

（3・4）電磁誘導傷害……人が落雷点の近傍にいると、落雷電流による電磁誘導で、人体内に誘導電流が流れ、短時間意識を失う、熱傷を生ずる、目眩がする、頭痛がする、身体がだるくなる、微熱が出る等の傷害を受ける。いずれも比較的軽く、容易に治る。

（3·5）球電（火の玉、ball lightning）による傷害……球電の発生は非常に稀であるが、落雷直後、大気中に発光する球が出現し、ゆっくり移動し、ときに壁や窓を貫通して屋内に侵入することが知られている。大きさは、テニスボールからフットボール位で、光の色は白、オレンジ等で、静かに消えるものが大多数であるが、音響を発し爆発的に消失するものもある。この球電に接触すると、熱傷、シビレ等をおこすが、通常、軽微で容易に治る。稀な例で、この球電に接触して死亡したという記録がある。

（3·6）導線伝播傷害（落雷の高電圧が、電話線・送配電線・水道管等を伝播し、これらに接近している人に及ぼす傷害）……雷雲が活動しているとき、電話をかけていると、遠方での落雷の高電圧が電話線を経由して伝わって来て傷害を受けることがある。普通電気ショックを受ける程度であるが、重い障害となった事例もある。電話線、配電線、水道管その他外部に広がる金属線とこれらに接続された電気機器具から、１ｍ以上離れていればこの傷害は避けることが出来る。

　これ等のタイプの傷害は、単独で発生する事例は少なく、直撃傷害、側撃傷害発生のとき、その近傍に人が居合わせるときにしばしば発生する。

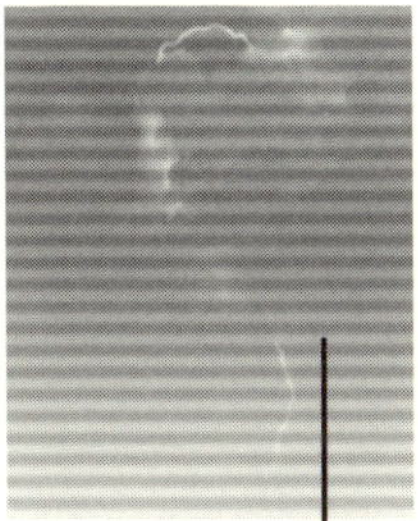

第４章　人体への落雷の実相

26 人体への落雷事故のマスコミ報道

落雷による災害事故は、テレビや新聞にしばしば報道される。しかし取材記者が、人体への落雷の科学的知識を欠くために、誤解を招き易い表現となることが多い。例えば、岐阜県では夕方から夜にかけて雷雨となり、「田んぼ帰りの農夫のメガネに落雷、農夫は死亡した」（昭和24年6月24日毎日新聞）。宇都宮市では午後から雷雨となり、「畑仕事から帰る途中の主婦は、髪に挿していた金属製の櫛に雷が落ちて即死した」（昭和44年8月22日東京新聞）。

実際には屋外にいる人体そのものが落雷を誘引するので、これらの表現は適切ではないが、マスコミにはこのような記事が氾濫し、人体が落雷を受けたときの正確な状況は、一般には報道されない。

以下に、「人体への落雷研究グループ」が集積した72例の落雷事故の中から、一般的と考えられる事例を選んで紹介し、人体への落雷の実相を伝えることとする。

27　代表的な落雷事故例

人体への落雷研究グループは、調査した事故に発生場所の地名を付けて、整理している。落雷場所は、運動場、農地、山林、岩山等々、千差万別の環境となるから、被害の状況も甚だ多様となる。この中から一般的或いは代表的と考えられる、次の18事故を取り上げることとする。

中込落雷、鷲宮町落雷……直撃傷害
高槻市落雷、世田谷落雷、橋本市落雷、深江落雷……直撃傷害及び其の他の傷害
藤沢市落雷、上尾市落雷、秋保落雷、桜川村落雷……側撃傷害
東由利町落雷……側撃傷害及び其の他の傷害
秋田駒ケ岳落雷……歩幅電圧傷害、衝撃気圧波傷害及び電磁誘導傷害
高岩山落雷……側撃傷害及び歩幅電圧傷害
蓬峠落雷……直撃傷害及び衝撃気圧波傷害

郡山市落雷……直撃傷害、衝撃気圧波傷害及びコロナ放電傷害
高知市旭町落雷……コロナ放電傷害
東大和市落雷……電磁誘導傷害
海老名市落雷……球電による傷害

既に言及した調査報告は重複記述を避け、以下に上記の落雷事故状況を紹介する。

28 中込落雷（１人の中学生が道を歩いていて直撃を受け死亡）

日時場所……１９７８年7月24日17時頃、長野県佐久市中込、千曲川の土手上の道路
被害者……１人（13歳女子中学生が直撃を受け死亡した）
落雷時の状況……被害者は徒歩で下校中、雨は降らず傘を右手に下げていた。約10ｍ後方を走行していたライトバンの運転手は、落雷の火柱の直後、前方の少女が突然見えなくなり、自分の車ではねとばしたかと思った。運転手は停車し、倒れた少女を運転席に乗せて運び、17時10分頃黒沢病院に入院させた。

被害者の状況……被害者の体格、栄養は中程度。入院時、心拍、呼吸停止で、意識喪失、左胸部、腹部に複数の明瞭な**電紋**が見られた。直ちに人工呼吸を始め、18時13分に自発呼吸を認めた。19時45分から血圧が平常値に回復し、安定状態となったが、21時に不整脈が見られ、心臓マッサージを行ったが、21時20分に心音不明となり、22時10分に心拍停止、死亡と判定された。意識の回復はなく、直撃後５時間経過して死亡した。

左耳上に長さ６㎝半円形に毛髪の焼けこげがあり、首の左側に点状の熱傷があり、０・５～３㎝の３条の裂傷が生じていた。右下腹部にはスカート・ファスナーの焼け焦げに対応する熱傷があった。左膝、左下腿、上腹部には点状の熱傷、左胸部から左下腹部、左大腿にかけて複数の**電紋**が発生していた。右手に下げた傘の柄は飛散していた。

この落雷事故では、１人の人が道路上を歩いていて直撃を受け死亡した。比較的よくおこる事例である。

29　鷲宮町落雷（農道を自転車で走っていた人が直撃を受け生存）

日時場所……１９８８年５月29日14時50分頃、埼玉県鷲宮町鷲宮高校西側のアスファ

ルト舗装の農道（両側は麦畑、道路に沿った電柱、配電線は無かった）

被害者……1人（農道を自転車で走っていた農業協同組合職員Aが直撃を受けて転倒したが生命をとりとめた）

落雷時の状況……電光・雷鳴は無く、雨がポツポツ降り始めていた。後方約5mを、自転車で走行していた別の男性Bは、髪が逆立つのを感じたが、全く傷害を受けなかった。Bは集会所に戻り、電話で救急車を呼び、Aの自宅に知らせた。300m離れた自宅から家族が現場に着いたとき、Aは両眼をパッチリ開き眼球は固定されていた。痙攣はなく、呼吸はあったが意識はなかった。救急車が到着して、乗せるとき四肢を自発的に動かした。酸素吸入なしに久喜市新井病院に運ばれた。この頃雨は本降りとなった。落雷現場付近のスケッチを図23に示す。

被害者の状況……Aは、入院時意識は回復したが、身体がこわばり話すことは出来なかった。胃痛が激しく数回鎮痛剤を注射した。嘔吐があり胃内容の吸引を3日間施行した。1週間、大便はなかったが、最初の便は通常であった。4日目から流動食摂取を始め、起立、歩行が順次可能となり、血圧も平常に回復した。6月8日午前中、四肢が痛みこわばったが、午後には治癒した。頭部に落雷電流の流入痕と考えられる長さ約7㎝の裂

図23 鷲宮町落雷の現場スケッチ

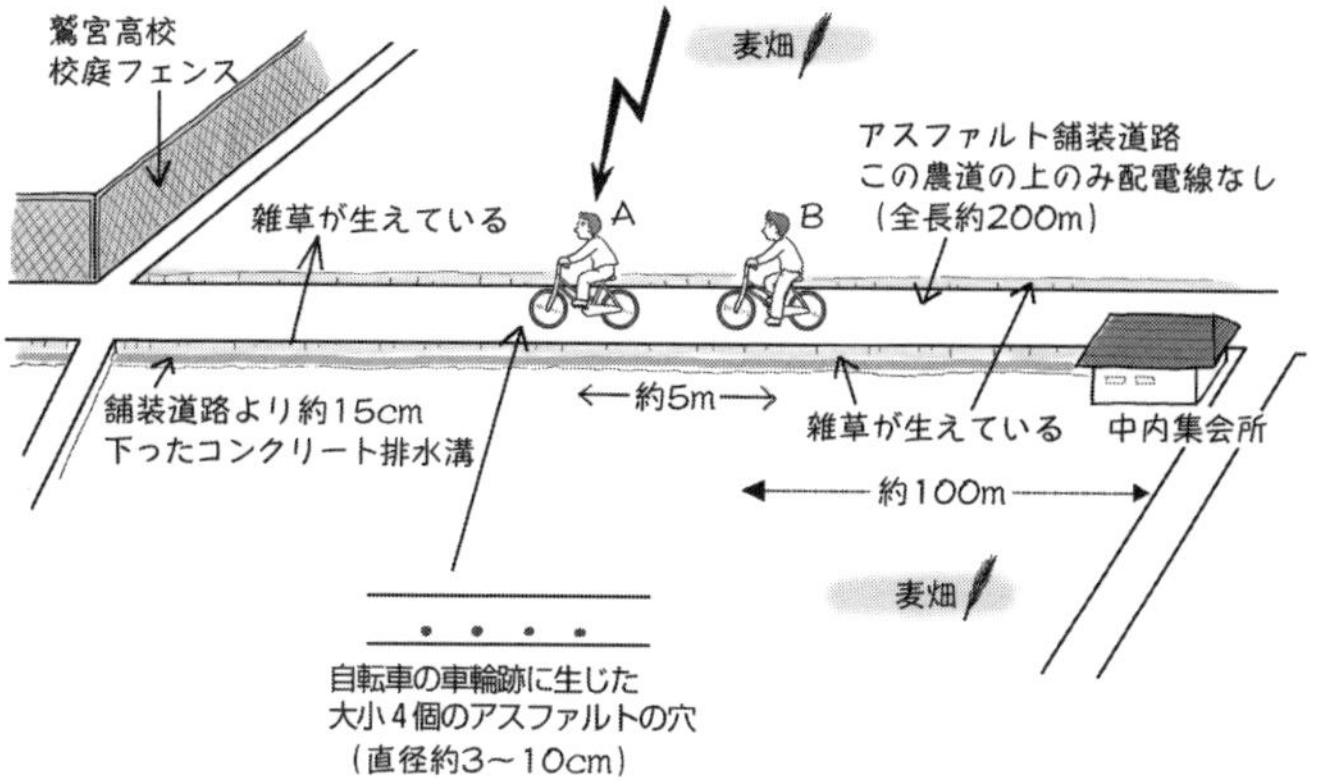

図24 鷲宮町落雷の被害者、衣類、自転車の状況

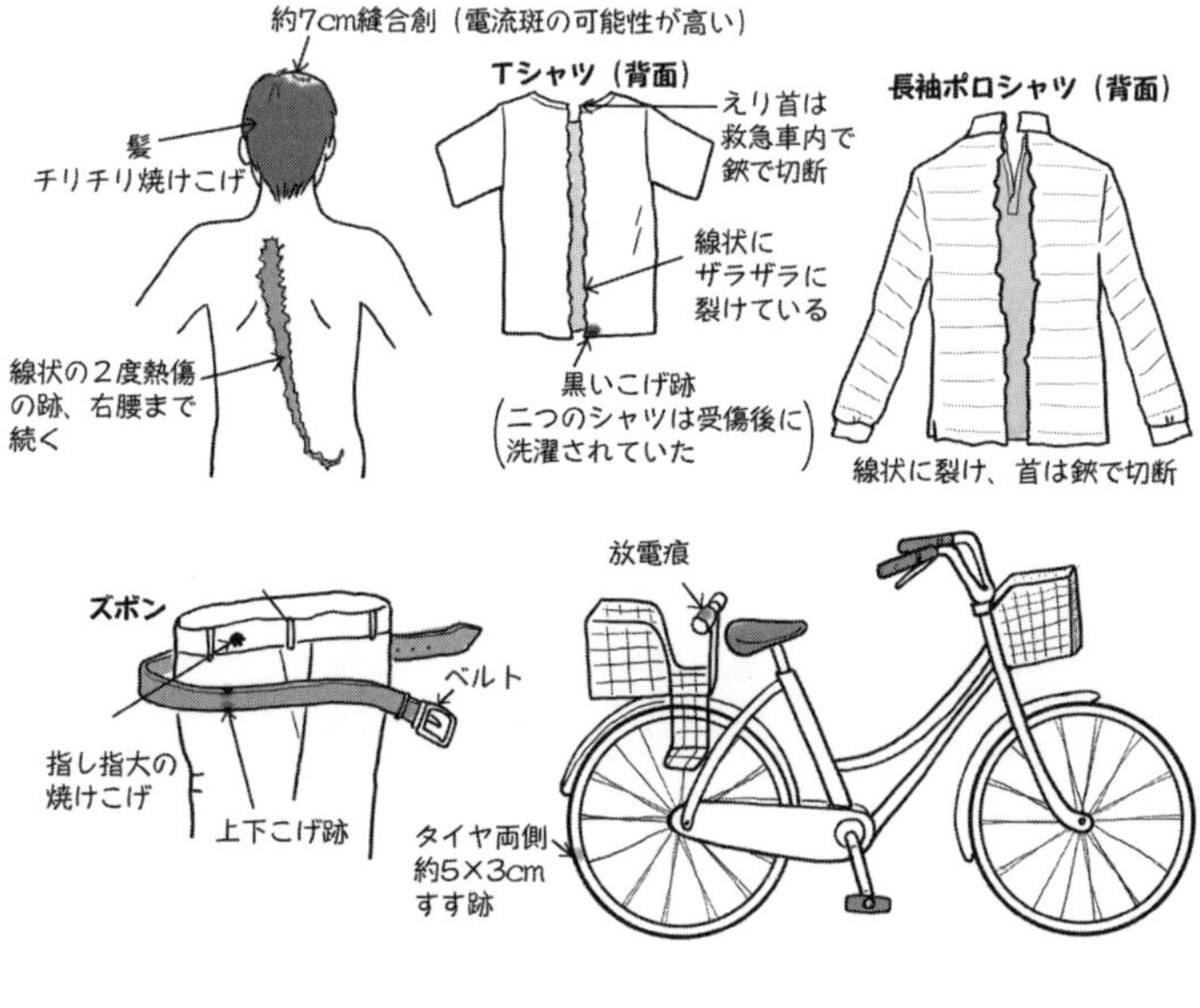

傷があり、縫合を受けた。左鼓膜穿孔による難聴がおきたが、入院中に回復した。6月17日、入院後20日目に退院した。

図24はAの身体、衣類、自転車の状況を示す。落雷電流の一部は、首から背中に沿って腰まで続く沿面火花放電となり、自転車を経由して大地に流入した。このため体内を流れる電流が減少して死亡を免れた。このように、直撃を受けて生存する事例は、24節（2）55頁に解説されている。このような事例は比較的少なく、足利市落雷では自転車に乗っていた女子中学生は直撃を受け死亡した。

30 秋保落雷（松の木からの側撃で1人が死亡）

日時場所……１９７９年5月27日宮城県秋保町グレートカントリークラブ

被害者……１人（47歳の男性が樹木から側撃を受け死亡した）

落雷時の状況……12時20分頃A、B2人がゴルフ・プレーを始めたところ、13時20分に雷鳴が聞こえた。避難を呼びかける場内放送に応じ、A、Bはグリーン近くの高さ13mの赤松の下に避難した。14時頃雨が激しくなり、Bが雨合羽をとりに赤松から10m位離れたとき、赤松に落雷、Ａが倒れた。戻ったＢは、Ａの心拍が停止し、瞳孔反応が無かったので即死と判断し、人口呼吸、心臓マッサージは行わなかった。赤松の幹には、幅２～４㎝に木肌が剥れる沿面火花放電の痕跡、いわゆる雷獣の爪痕が生じた。

被害者の状況……Ａの帽子の破片が、頭から１ｍ離れたところに落ちていて、Ａは赤松から頭部に側撃を受けたと判断された。下腹部に３カ所１×１㎝位の外傷があり、対応する衣服にも小さな破れが見られた。

この落雷事故は、１人の人が樹の下で雨宿りをし、側撃を受け死亡したもので、よくある事例の一つである。

31　桜川村落雷（松の木からの側撃で３人が死亡、２人が入院）

日時場所……１９９７年９月８日13時30頃、茨城県稲敷郡桜川村四箇、霞台カントリークラブ内の松林

落雷時の状況……降雨は強かったが11時50分頃ゴルフ・プレーを再開、13時15分頃雷鳴が聞こえたので、近くの松林に避難していた。13時30分頃高さ約15ｍ、幹直径35㎝の

松に落雷。13時40分巡回車が現場に到着、5人が倒れているのを発見し、救急車を要請、意識のないA、B、Cに心臓マッサージと人工呼吸を継続して施した。救急車の到着により、A、B、Cと両下肢が麻痺したD、Eの5人は、美浦中央病院へ運ばれた。図25に現場のスケッチと想定される側撃状況を示す。

　被害者……3人（高校校長A、高校教諭B、キャディCが樹木から側撃を受け死亡した）・2人（高校教諭D、高校教頭Eは側撃を受けた被害者Cから2次側撃を受け中等症の傷害を受けた）

図25 桜川村落雷の現場と想定される側撃状況

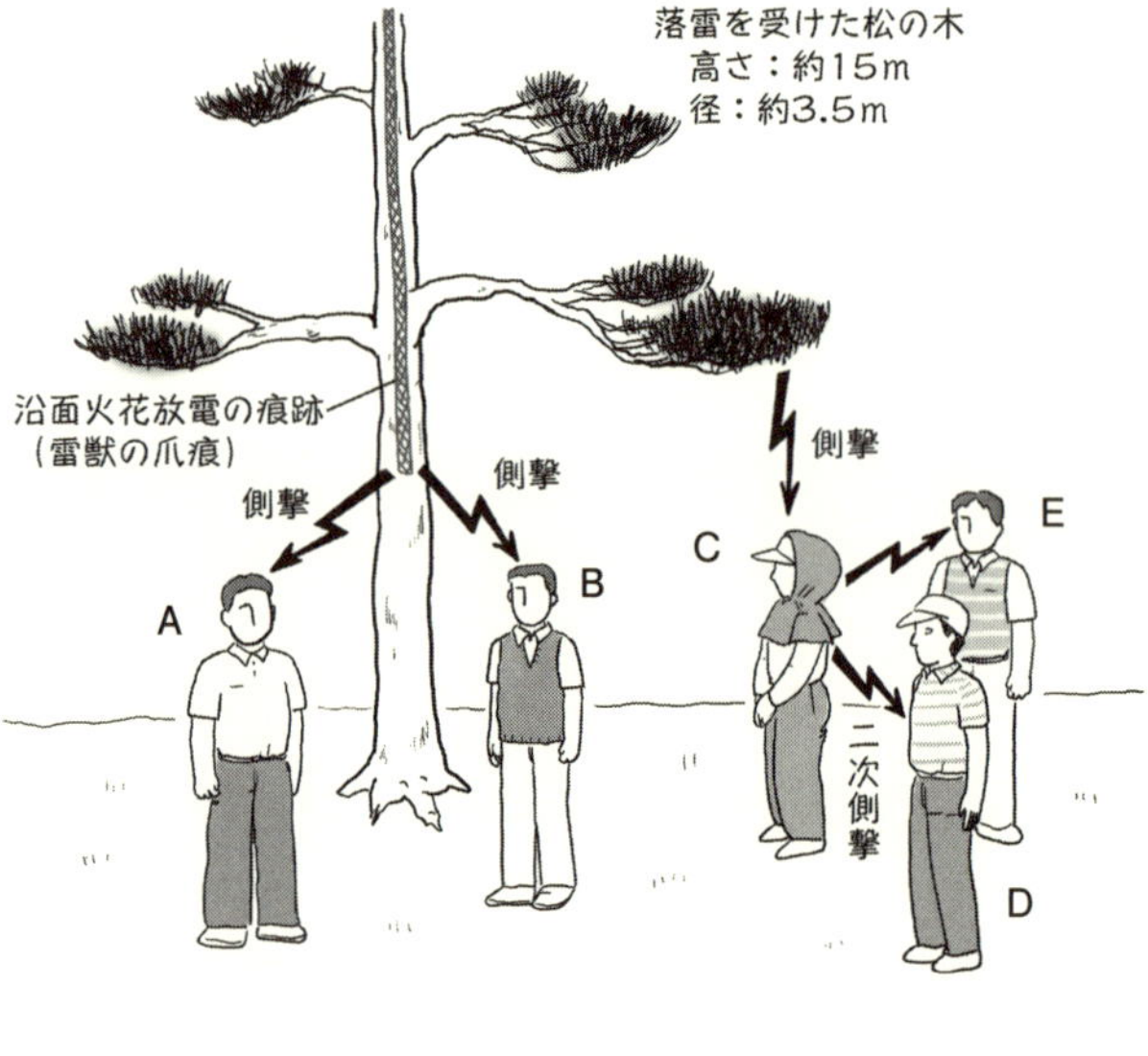

被害者の状況……Aは56歳男性、体格良好、右半身前面に多数の電紋が発生、衣類の対応する箇所に破損が見られた。背面には傷害が無く、頭頂に小指頭大の熱傷を認めた。靴の両踵部分にピンホールがあり、足底に対応する電流斑が認められた。

Bは31歳の男性、右外耳道出血、右耳たぶ上に電流斑、首から胸前面、背にかけて赤発、胸上部に２つ電紋、右側腹部、左大腿前部、左右臀部にそれぞれ電紋を発生。両足裏に電流斑、靴は対応した破れを生じた。

Cは53歳の女性、帽子に径３～４㎝の焼け焦げ穴があき、対応する後頭部の髪が焼け焦げた。首の後部から背中にかけて赤発、胸に１すじの線状ビラン、両大腿内側に赤発と水疱を生じた。両足くるぶしに水疱、両靴には対応したピンホールが認められた。

Dは39歳の男性、意識あり、手先、足先の麻痺が２～３日継続、入院３日目に１日間37℃発熱。右脇腹、右膝、右踝に小ビランを生じた。入院15日目に退院。

Eは48歳の男性、意識あり、両足先麻痺が２～３日継続、入院日に１日間37℃発熱。右腰、臀部、両下肢にビランを生じた。入院15日目に退院。

この落雷事故では、高さ15ｍの樹木の下に５人が相互に接近していて、側撃によって大きな被害となった。

32 深江落雷（野球プレー中に1人が直撃で死亡、1人が失神したが無傷害）

日時場所……1979年5月26日14時10分頃、神戸市東灘区深江野球場

被害者……1人（2塁手Aが直撃を受け死亡した）・1人（走者Bは意識を喪失したが、すぐに回復、傷害は受けなかった）

落雷時の状況……13時30分頃プレー開始で、職場チームどうしの試合が行なわれていた。全天は雲に覆われていたが、雨は降らず、雷鳴は聞こえなかった。しかし、兵庫県南部には雷雨注意報が発令されていた。4回表のとき、キャッチャーのパスボールで1塁走者が2塁へ走り、2塁手がベースに戻り、図26に見られるように2人が交錯した瞬間に落雷が

図26 深江落雷のスケッチ

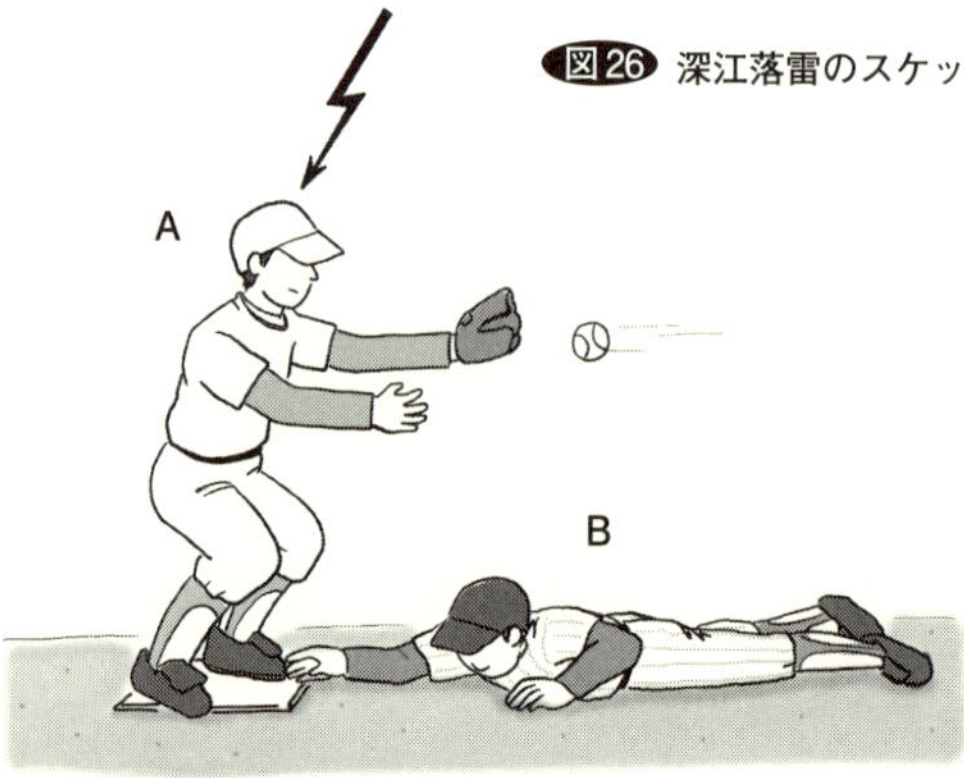

おきた。2人はうつぶせに倒れ意識を失った。2塁手A（24歳の男性）は死亡した。走者B（年齢不詳、男性）はすぐに意識を回復、傷害はなく平常に回復した。落雷後数分たつと強い雨が降り出した。

被害者の状況……2塁手Aは頭左側の毛髪が焼け縮れ、額に倒れたとき生じたと思われるすり傷があり、首にはペンダントに対応して線状の火傷が生じた。前胸部には小さな火傷によるビランが多数分布していた。ユニフォーム上衣の襟の内側に焦げ跡があり、ズボン右下部に焼け焦げと縦裂けがあった。アンダーシャツの胸の部分が全体的に黒く焦げ、靴下は右足の後方が縦に裂けていた。

走者Bは、念のため、谷本外科病院へ1日入院し、翌日は職場に復帰した。衣服その他の破損は無かった。

これは屋外スポーツでよくおこる死亡事故例。地面が乾いていたので、落雷点に走り込んだ走者は歩幅電圧傷害は受けなかった。

33 東由利町落雷（杉の木に落雷、周囲にいた15人が様々の傷害を受けた）

日時場所……１９７５年8月22日14時15分頃、秋田県由利郡東由利町上里部落の丘陵地

被害者……２人（農林作業者A、Bが側撃を受け重症）・８人（農林作業者C、D、E、F、G、H、I、Jが軽症を受けた）・５人（農林作業者K、L、M、N、Oは傷害を受けなかった）

落雷時の状況……朝は晴れていたが、14時頃から雨がポツポツ降り始め、14時15分頃３本杉の中央の杉に落雷がおきた。地面は濡れる程ではなかった。図27に落雷現場のスケッチを示す。

被害者の状況……A、40歳の女性、中央の杉にもたれて腰を下ろし、側撃で意識を失い転倒、由利組合総合病院に入院。右頸部、右肩に掌大のビランを認めた。胸部に痛みを、両腕にシビレを感じた。３日間37・５℃の発熱あり、約２週間、痛みとシビレが継続した。10月10日、入院日から50日目に退院した。

B、26歳の女性、中央杉にもたれて腰を下ろし、側撃で意識を失い、口から泡を吹いて転倒した。同じ病院に入院。入院時、意識は回復し、顔面が浮腫もようであったが、外傷、熱傷は無かった。胸部に痛みを感じ、両腕にシビレと知覚低下を生じた。９月16日、入院日から26日目に退院した。12月10日痛みが再発したが、外来治療で治癒した。

C、27歳の男性、落雷時上半身裸で、右肘枕をして、右下の臥位であった。右半身シビレ知覚低下があったが、倒れたA、Bを背負って運ぶことが出来た。外来診療を受け、シビレに対する

図27　東由利町落雷現場のスケッチ

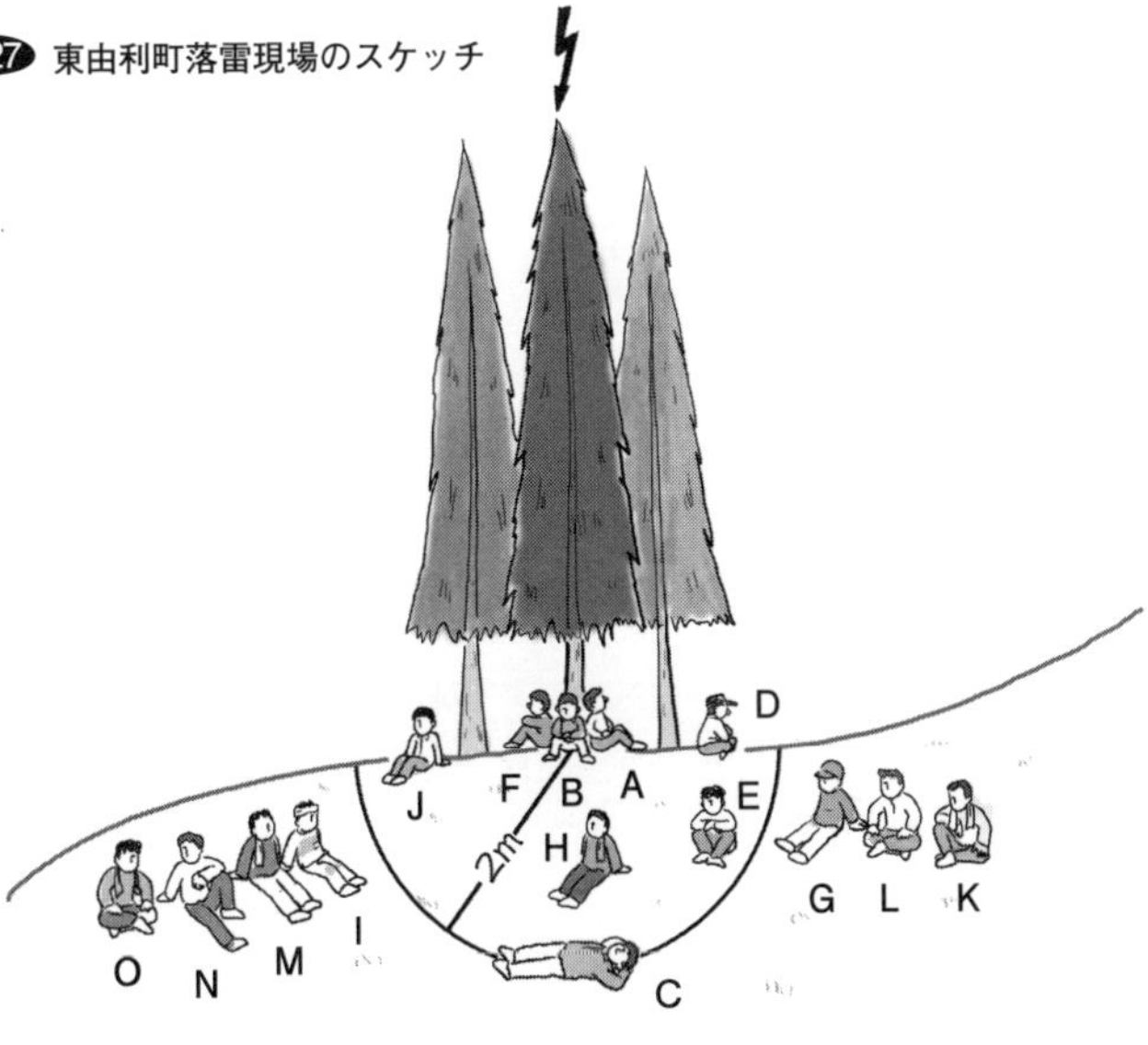

投薬3日分を受けた。

D、38歳の女性、右耳鳴り・難聴、右上肢にシビレ・知覚低下を生じ、背部右肩に掌大の電紋を認めた。外来診療を受け、2週間で治癒した。

E、41歳の女性、右難聴と胸部の痛みを生じた。2週間で治癒した。

F、36歳の女性、左手にシビレと知覚低下を生じた。1週間で治癒した。

G、年齢不詳、女性、胸部の痛みを生じたが、1日で治癒した。

H、24歳の男性、左大腿に電紋、両大腿外側に紅斑を認め、両下肢全体にシビレと知覚低下を生じた。10日で治癒した。

I、年齢不詳、男性、左難聴を生じたが、1日で治癒した。

J、年齢不詳、男性、頭頂部に頭痛を感じたが、1日で治癒した。

これは落雷を受けた樹木の周囲に多数の人がいて様々な傷害を受けた事例である。

34 秋田駒ヶ岳落雷（樹木のない峠で道標に落雷、周囲にいた13人の登山者が医療を要する傷害を受けた）

日時場所……１９８３年６月19日13時30分頃、図28に示す秋田駒ヶ岳の横岳（標高１５８３m）頂上

被害者……３人（登山者A、B、Cは歩幅電圧、衝撃気圧波を受け中等症の傷害をうけた）・10人（登山者D、E、F、G、H、I、J、K、L、Mは電磁誘導、衝撃気圧波による軽症を受けた）

図28 秋田駒ヶ岳地図

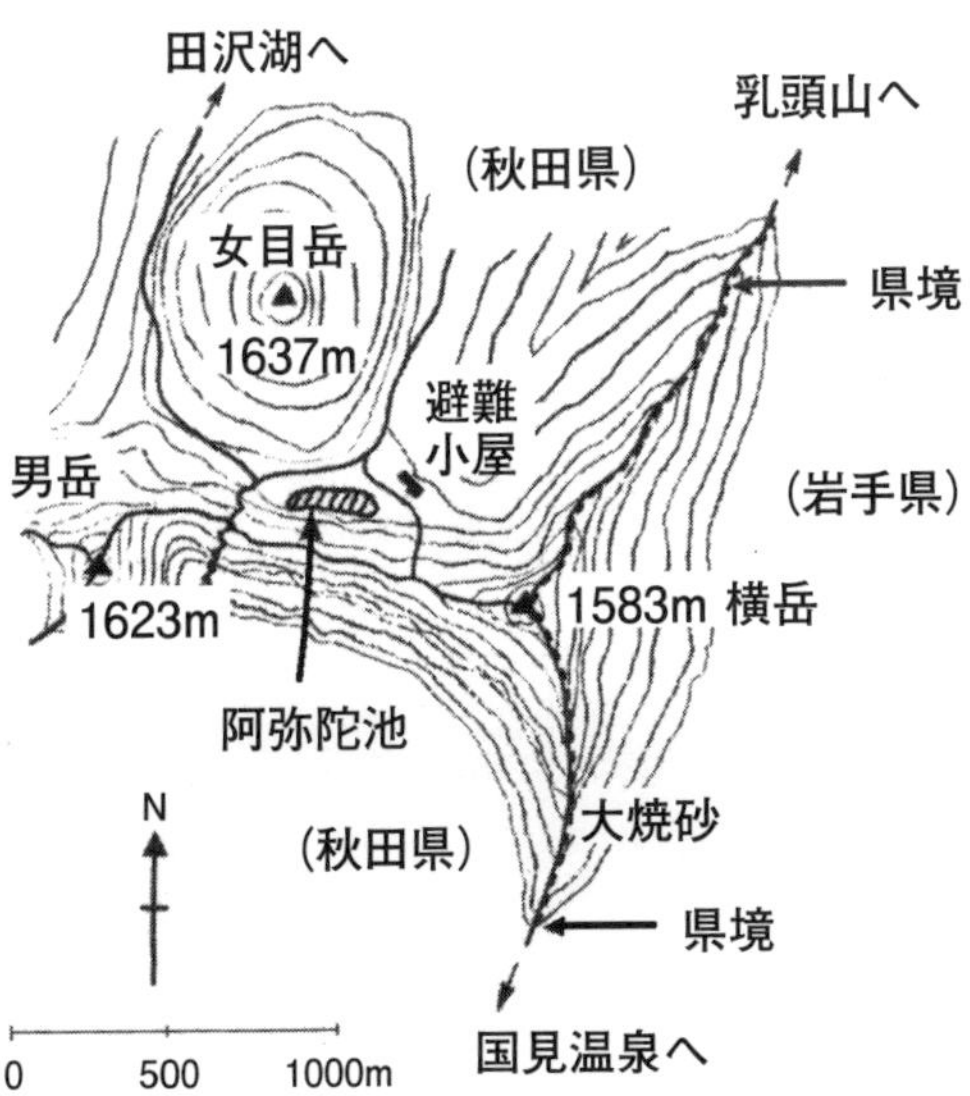

落雷時の状況……13人の登山者グループが雷雨を避けるため、阿弥陀池から国見温泉に向かって下山中、乳頭山と国見温泉への分岐点の横岳頂上に近づくと、アラレが降り、雷鳴が強くなったので、全員が山道にかがんで姿勢を低くしていた。横岳頂上の道標に落雷、図29に示すように、道標の3本柱の中央の柱の上半分がばらばらになって飛び散った。周囲は裸地で、ところどころ這松が覆っていた。地面は濡れていた。

被害者の状況……30歳の男性A、意識障害は無く、倒れて立てず担架で下山、岩手大学救命センターに入院。両下肢に痛みを感じた。左下肢外側、右下肢後側に夫々5×50㎝の熱傷、両足に小水疱を発生した。翌日ときわ木病院に転院、入院6日目に退院。

図29 秋田駒ヶ岳　落雷現場スケッチと原形の道標

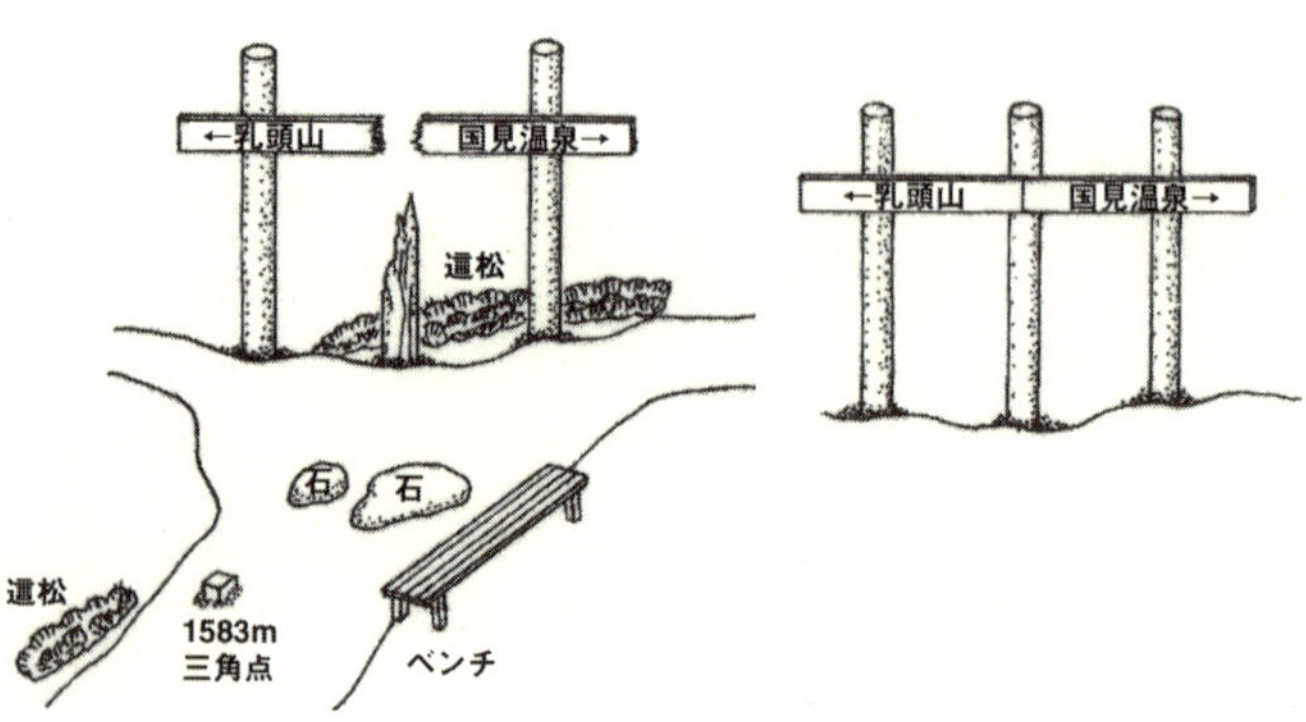

66歳の男性B、約３mはね飛ばされ、一過性意識喪失。頭、左膝、右手に外傷。左大腿内側に挫創。自力で下山、岩手医大救命センターに入院。右手外傷は３針の縫合を受けた。６月26日胆沢病院に転院、合計７日入院して退院。

14歳の男性C、意識障害無し。担架で下山、栃内病院に入院。左足第１〜４趾のつけねに深い裂傷を受け、縫合。耳鳴りを生じた。入院10日目に退院。

51歳の女性D、右手の甲に熱傷を受け、栃内病院外来診療。

40歳の男性E、右下肢熱傷、栃内病院外来診療。

39歳の女性F、右上腕に熱傷、栃内病院外来診療。

30歳の女性G、右頬に熱傷、栃内病院外来診療。

28歳の男性H、右頬にヒリヒリ感、右下肢に熱傷、栃内病院外来診療。

27歳の男性I、右頬に熱傷、栃内病院外来診療。

11歳の女性J、右上腕に熱傷、栃内病院外来診療。

8歳の男性K、右肩、右上腕、右足首に熱傷、栃内病院外来診療。

26歳の男性L、無外傷、両耳の痛みを訴えたが聴力障害無し、栃内病外来診療。

14歳の男性M、無外傷、下半身のしびれ感が持続、栃内病院外来診療。

この事故では直撃、側撃の傷害は無かったが、落雷点近傍に多数の人がいたため、被害者が多数となった。地面が濡れていたのも被害を大きくした一因である。歩幅電圧傷害、衝撃気圧波傷害、電磁誘導傷害の内の2つを複合して受けた被害者が多かった。

35 高岩山落雷（樹木への落雷で2人が傷害を受けた）

日時場所……1981年7月21日13時20分頃、東京都五日市町高岩山山頂付近の尾根道

被害者……1人（高校教諭Aが樹木からの側撃で軽症を受けた）・1人（理髪師Bが歩幅電圧による軽症を受けた）

落雷時の状況……激しい雷雨となり尾根道に避難し

図30 高岩山落雷のスケッチ

た。尾根道は平坦で両側には人の背よりやや高い木が茂っていた。図30に示すように、Aは大きな石の上に腰を下ろし、Bはその前方約３m離れうずくまっていた。雷鳴がやや遠のいた後**Aに近い樹木に**落雷がおきた。

被害者の状況……Aは48歳の男性、頭上の樹木から側撃を受け意識を失って倒れた。40分後に意識回復、胸を締め付けられる感じがし、両下肢全体がシビレ歩行できなかった。２時間程横になっていてシビレが回復し歩行が可能になったので、19時頃自力で下山を始め、五日市警察署へ連絡し、立川共済病院で外来治療を受けた。耳鳴りが発生、臀部から右下肢に２条の線状の熱傷を生じた。いずれも10日程度で治癒した。

Bは66歳の男性、落雷時、目の前の地面を沿面火花放電が走るのを目撃、両下肢に激しい痛みを感じた。右腕に赤発が発生、耳が聞こえ難くなった。歩行可能で救助を求め下山したが、道に迷い野宿して翌日、五日市警察署へたどりついた。立川共済病院で外来治療を受け、外傷、難聴は数日で治癒した。

この事故ではA、B２人が林の中に避難していて傷害を受けた。Aは樹木から側撃を受けたが、電流の流入が少なく助かった、Bは比較的強い歩幅電圧傷害を受けた。A、Bともに衝撃気圧波の影響を受けた。

36 蓬峠落雷（落雷で2人がはね飛ばされ、1人は重症、1人は無傷害）

日時場所……1968年6月22日15時51分頃、群馬県谷川連峰の蓬峠

被害者……1人（気象庁職員Aが直撃、衝撃気圧波を受け重傷）、1人（気象庁職員Bが衝撃気圧波を受け一過性意識喪失、無傷害）

落雷時の状況……遠雷が聞こえ12時20分頃から断続的に雨が降り出した。峠の頂上、山道に近い台地で2人が立位でアスマン乾湿計を読み取り中に落雷を受け、Aは西方向に13m、Bは東方向に7mはね飛ばされ意識を失って倒れた。

被害者の状況……Bは意識を回復、歩行可能でAに近づき数回人口呼吸を試みた後、100m離れた蓬ヒュッテに助けを求め、Aはヒュッテに収容された。

Aは13時30分頃意識を回復、腰を打撲し、下半身が無感覚であった。19時担架で下山開始、翌日1時30分土樽駅に着き、火傷の応急手当を受け、列車で帰京入院し、40日後に退院した。

Aの右後頭の髪は、幅1cmたて方向10cmにわたり熱で縮れ融着していたが、火傷はな

かった。肩から右足のくるぶしまで、体表の右側にベルト状の熱傷が生じた。対応する衣服には熱による損傷が見られ、右の登山靴が大きく破損していた。入院後右耳鼓膜に穿孔が見出されが、入院中に治癒した。Bは下半身に一過性のシビレを感じたが、傷害は無かった。

峠の頂上でA、B2人が傷害、影響を受けた。Aは直撃を受けたが、体表右側の沿面火花放電が肩から足まで連続し、体内電流が減少して生命をとりとめた。鷲野宮町落雷と同様な事例で、24節（2）55頁に解説されている。A、Bともに衝撃気圧波ではね飛ばされた。

この落雷事故は、「人体への落雷研究グループ」により調査されたものではなく、Aが日本山岳会のシンポジウムに報告したものである。衝撃気圧波傷害の代表例と考えられる。

37　郡山市落雷（サッカープレー中に1人が直撃で死亡、多数が軽症）

冒頭の章に挙げられているが、19人の生存プレーヤー中17人に面接し、落雷時の状況を聴取したので、その供述の要点を述べる。

落雷前は、雨が強く降り地面は濡れていた。遠雷が聞こえていたが、試合は続けられた。16時30分頃、落雷がおこり7人が倒れ、6人はすぐ起き上がったが、1人は倒れたままで、死亡していることが判明した。図31に19人のプレーヤーA、B、C、―Tの位置を示す。死亡者Aは、救急車で郡山市内の病院に運ばれ医師の診断を受けた。その診断結果もあわせて述べる。

A、直撃による死亡。身長165cm・体重65kgで、右首から右脇腹、

図31 日本大学工業部のサッカー・グラウンドとプレヤーの位置

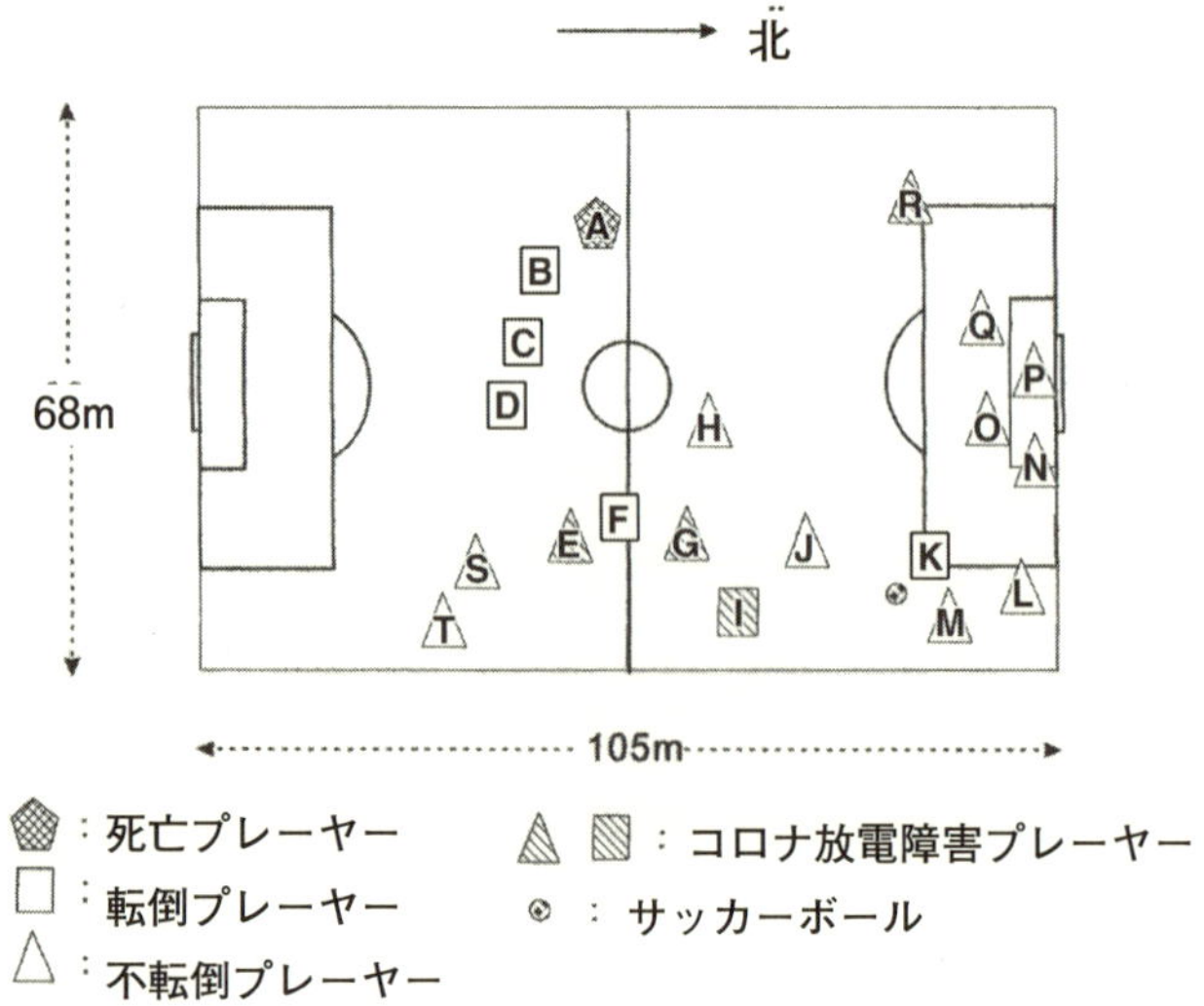

左腕、両腿内側に大形の電紋が発生していた。体毛の焼け焦げは見られなかった。（直撃傷害）

Ｂ、うつ伏せに倒れ、両下肢の筋肉が縮んだように感じた。（衝撃気圧波傷害、歩幅電圧傷害）

Ｃ走っていたとき、ドカーンという音を聞き地面が振動して倒れた。光は感じなかった。（衝撃気圧波傷害）

Ｄ、北の方向に走っていて、両方の踵に何かが引っ掛って倒れた。相当はね飛ばされた。（衝撃気圧波傷害）

Ｅ、立っていて倒れなかった。後頭部を殴られたように感じた。（コロナ放電傷害）

Ｆ、右側に倒れたが、気がついたときは起き上がっていた。バシッという衝撃波のようなものを感じたけれど、光は感じなかった。（衝撃気圧波傷害）

Ｇ、立っていて頭を叩かれたように感じ、頭がしびれた。（コロナ放電傷害）

Ｈ、両膝を地面についた姿勢となり、両下肢がしびれた。（歩幅電圧傷害、衝撃気圧波傷害）

Ｉ、後頭部を殴られたように感じ、両手で頭をかかえて前へ倒れた。（衝撃気圧波傷害、

コロナ放電傷害）

J、天空が明るく光ったので、両手を頭の上にのせた。

K、ただ倒れた。（衝撃気圧波傷害）

L、寮の方向が明るくなるのを感じた。倒れなかった。

M、太腿部にピリッと感じた。光と音は感じなかった。立っていて倒れなかった。（歩幅電圧傷害）

N、下からドーンと突き上げられるように感じ、同時に電気的なショックを感じた。（歩幅電圧傷害）

O、地響きのようにドーンという感じがして、体が浮き上がった。ふりむくと数人が倒れていた。倒れなかったが、ストッキングの下の皮膚全体がしびれた。（衝撃気圧波傷害、歩幅電圧傷害）

P、立ったままでいて倒れず、何も感じなかった。瞬間的に目を閉じたので、落雷時の周囲の様子は分からなかった。

Q、電気的なシビレを感じ、両足のストッキングの下の皮膚全体がしびれた。（歩幅電圧傷害）

Ｒ、立ったままでいて、頭がしびれた。（コロナ放電傷害）
現場に大勢の人がいたが、落雷が多点落雷でなく1点落雷だったので、死亡者以外の傷害は軽微となった。

38 高知市旭町落雷（コロナ放電傷害で1人が軽症）

日時場所……１９９６年10月３日、高知市旭町二丁目コスモ石油ガソリン・スタンド前の歩道
被害者……１人（61歳の女性　コロナ放電傷害で軽症）
落雷時の状況……コスモ石油ガソリン・スタンド前の歩道で、ビニール張りの洋傘をさし、孫が幼稚園の送迎バスで帰って来るのを待っていた。ドーンという大きな音がして、衝撃を感じ、しゃがみ込んだ。洋傘は石突き付近のビニールが焼け焦げ、金属の骨がバラバラになった。意識を喪失したがすぐ回復し、孫とともに２５０ｍ歩いて自宅に戻った。タクシーで内田脳神経外科病院に赴き診察を受けた。ガソリン・スタンドの従業員は大音響を聞き、稲妻の光を感じたが、被害者への火花放電は見ていない。

被害者の状況……診察時、血圧が高く興奮状態であったが、心電図に異常はなく、外傷は無かった。精神安定剤を服用し帰宅した。右手にシビレ、疲労感がのこったが、数時間で回復した。

この事故は、1人の人にコロナ放電傷害が発生した珍しい事例である。コロナ放電は目撃されていないが、洋傘の損傷からその発生は確実である。

39　東大和市落雷（電磁誘導傷害で1人が軽症）

日時場所……1979年8月24日15時00分頃、東京都東大和市清水4－942－17
木造2建住宅

被害者……1人（67歳女性　電磁誘導傷害で軽症）

落雷時の状況……午前中から雷雨となり、午後になって雨は弱まり、雷鳴は聞こえなくなった。1階6畳間で机に向かい座布団に座っていた。近くで花火を上げるようなドンという音がして舌の先がしびれ、暖かい風が顔に吹き付けた。電光は見えなかった。テレビアンテナが壊れ、破片が庭に落ち、テレビセットが故障した。停電し、電話が不通になった。図32に落雷現場の見取り図を示す。

　被害者の状況……翌日近くの医師の診察を受け、異常はないといわれた。翌々日から頭に痛みを感じ、痛みは次第に頭頂に移った。国立立川病院に通院し、１カ月で治癒した。

　この事故は電磁誘導傷害が単独で発生した珍しい事例である。

図32 東大和市落雷現場の見取り図

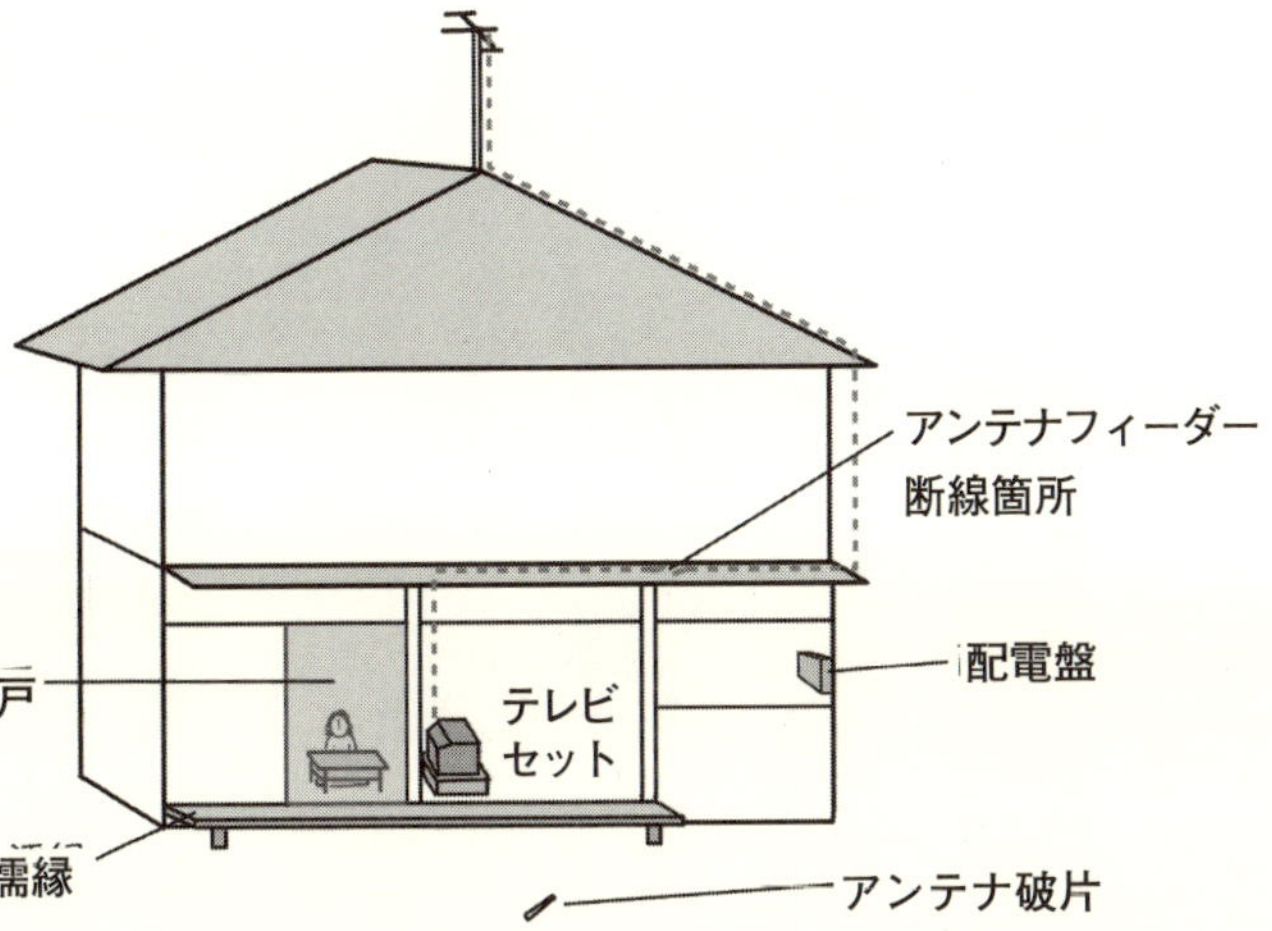

40　海老名市落雷（球電による傷害で１人が軽症）

日時場所……１９７７年７月８日１時30分頃、神奈川県海老名市の木造１階建住宅

被害者……１人（年齢不詳、女性　球電による傷害で軽症）

落雷時の状況…図33に落雷現場の見取り図を示す。夜半から強い雷雨となり、被害者とその子ども３人が一室で就寝中、突然ドーンという音と同時に拳大のオレンジ色の火の玉がゆっくり落ちて来て左肘にあたって消えた。左肘は黒くすすけ、部屋には毛糸が焦げるような臭いがした。３人の子ども、隣室に寝ていた夫には異常は無かった。屋外に繋いだ犬がキャンと鳴いたので、見に行ったらたら死んでいた。屋上のテレビアンテナが壊れ３本の金属棒が飛び散り、テレビセットが故障した。アンテナを支える４本のステー線の内１本が切れ、切れた先端は屋根に触れていた。（図のＳ線）球電が現れたのはこの位置の真下であった。このステー線は犬小屋に近い柱に固定されていた。電話線ヒューズが切れ、ブレーカーが動作して停電したが、スイッチを入れたら電気は通じた。

被害者の状況……被害者は、6時頃おきたら左肘がズキズキ痛み、左上肢全体が疲れたように感じた。その後、左肘の痛みは軽減したが、持続したので9月13日東電病院の診察を受けたところ、知覚異常は認められず、その後痛みは日の経過とともに快癒した。

球電の発生は珍しいと言われるが、この事故は明らかに球電による傷害例である。

図33　海老名市落雷現場の見取り図

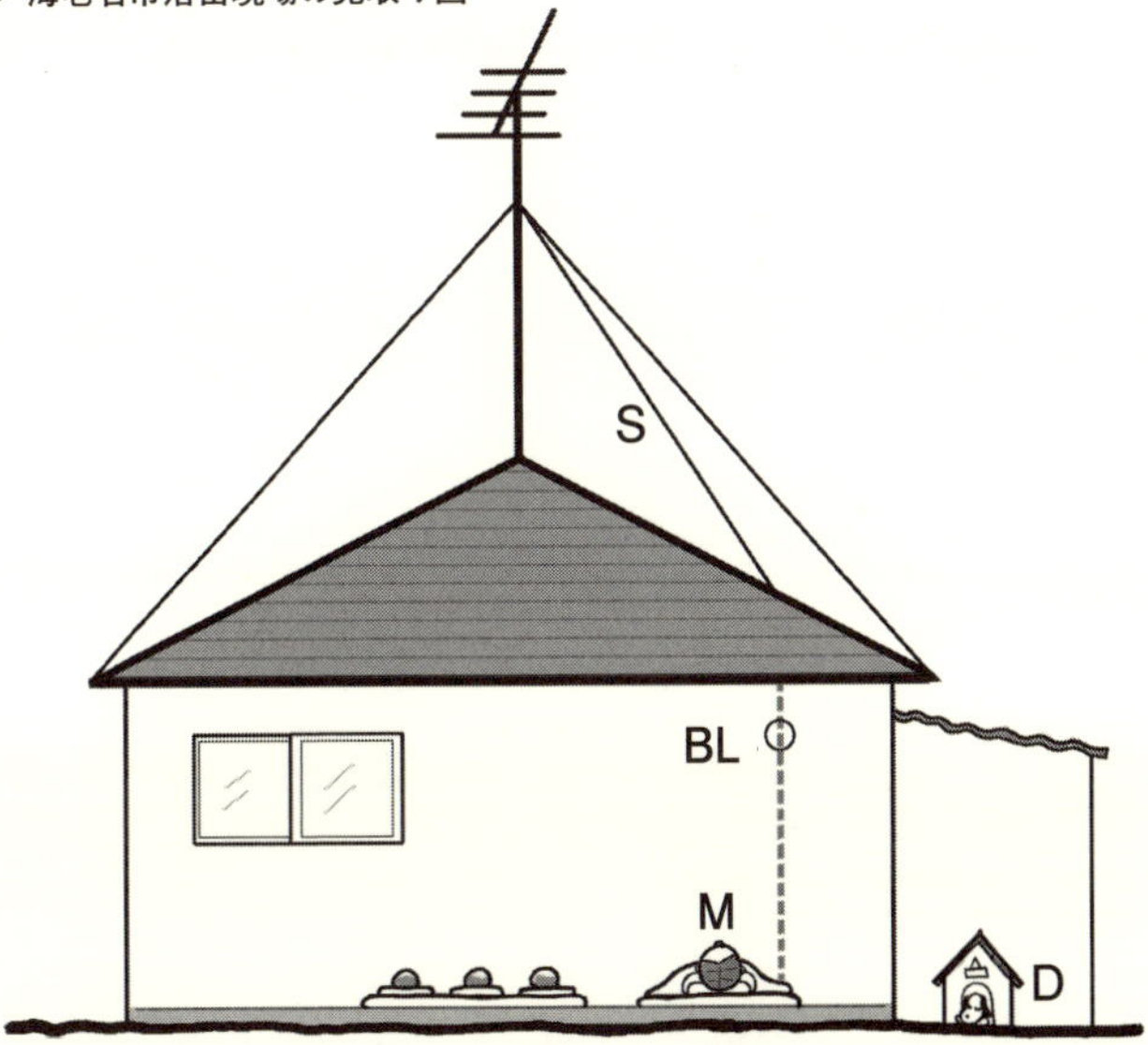

S：切断したステー線　BL：球電　M：母親　D：犬

おわりに

人体への落雷問題の研究結果を解説し、雷から身を守る安全対策を述べた。同時に、人が雷を受けるとどうなるか？　その実相を詳しく紹介した。本書が人体への落雷事故の防止に役立つことを願って筆を擱く。

パンフレット「雷から身を守るには―安全対策Ｑ＆Ａ―」は、〒５６５－０８７１吹田市大阪大学大学院工学研究科通信工学専攻内日本大気電気学会事務局へ注文すれば、８００円で購入出来る。

●著者紹介　北川信一郎

生年月日　1919年1月15日
出身地　群馬県桐生市
現職　埼玉大学名誉教授、中央防雷株式会社顧問（非常勤）
学歴　1940年3月　旧制浦和高校卒業
1942年9月　東京大学理学部物理学科卒業
1958年5月　理学博士（東京大学）
職歴等　1946年1月　中央気象台研究部勤務、1947年勤務先は気象研究所となる。
1958年5月〜1961年6月　米国ニューメキシコ工科大学客員研究員
1961年6月　気象研究所復職
1969年4月　埼玉大学工学部教授、電気工学科勤務
1984年4月　埼玉大学定年退職
1986年4月　東京家政大学文学部教授
1989年3月　東京家政大学定年退職

受賞

1995年11月　日本大学電気学会名誉会員
1996年6月　国際大学電気委員会名誉委員
1959年5月　日本気象学会賞受賞
1987年11月　渋沢元治賞受賞
1991年5月　日本気象学会藤原賞受賞
2003年9月　国際雷・静電気学会（略称：ICOLSE）よりKITAGAWA MEDAL受賞

著書

1996年6月「大気電気学」編著、東海大学出版会刊行
2001年1月「雷と雷雲の科学」、森北出版（株）刊行

専門

雷研究、気象学、大気電気学、電気工学

主な業績

雷の研究では、国際的に指導的役割を果たした。「人体への落雷の問題」は、人体実験が出来ないので、科学的研究が遅滞していたが、落雷を模擬する高電圧実験と人体落雷事故の詳細な調査を平行して実施する研究方法を開発し、この問題の科学的研究の道を切り開いた。この研究を約30年間推進し、人体への落雷の特性を解明し、実効ある避雷対策を明確にした。

雷博士が教《おし》える　雷《かみなり》から身《み》を守《まも》る秘《ひ》訣《けつ》

2007年8月10日　初版第1刷
2011年7月7日　第2刷
著　者●北川信一郎

発行者●比留川　洋
発行所●株式会社　本の泉社
〒113-0033　東京都文京区本郷2-25-6
電話　03-5800-8494　FAX　03-5800-5353
http://www.honnoizumi.co.jp/
印刷●株式会社　エーヴィスシステムズ
製本●株式会社　難波製本

Printed in Japan ISBN978-4-7807-0330-6

※ 落丁本・乱丁本はお取り替えいたします。
※ 定価はカバーに表示してあります。

2007年9月
発行予定

雷撃傷

落雷の殺傷力

―1983年以降の調査と1986以後の実験―

大橋正次郎　東京電力病院　元顧問

B5判・174頁　予価：2500円+税

ISBN978-4-7807-0338-2　発売：本の泉社

Contents

前編目次　雷撃傷の調査記録

後編目次　雷撃傷の動物実験